Discovery EDUCATION

맛있는 과학

디스커버리 에듀케이션
맛있는 과학-06 소리와 파동

1판 1쇄 발행 | 2011. 11. 4.
1판 10쇄 발행 | 2025. 9. 19

발행처 김영사
발행인 박강휘
등록번호 제 406-2003-036호
등록일자 1979. 5. 17.
주 소 경기도 파주시 문발로 197(우10881)
전 화 마케팅부 031-955-3100 편집부 031-955-3113~20
팩 스 031-955-3111

값은 표지에 있습니다.
ISBN 978-89-349-5260-2 64400
ISBN 978-89-349-5254-1 (세트)

좋은 독자가 좋은 책을 만듭니다. 김영사는 독자 여러분의 의견에 항상 귀 기울이고 있습니다.
전자우편 book@gimmyoung.com | 홈페이지 www.gimmyoungjr.com

어린이제품 안전특별법에 의한 표시사항

제품명 도서 **제조년월일** 2025년 9월 19일 **제조사명** 김영사 **주소** 10881 경기도 파주시 문발로 197
전화번호 031-955-3100 **제조국명** 대한민국 **⚠주의** 책 모서리에 찍히거나 책장에 베이지 않게 조심하세요.

최고의 어린이 과학 콘텐츠
디스커버리 에듀케이션 정식 계약판!

Discovery EDUCATION

맛있는 과학

6 | 소리와 파동

문희숙 글 | 진주 그림 | 류지윤 외 감수

주니어김영사

차례

1. 여러 가지 소리

2. 소리의 비밀

3. 소리와 파동

4. 소리의 구성

5. 소리의 활용

6. 소리 나는 세상

관련 교과

초등 3학년 2학기 2. 동물의 세계
중학교 2학년 5. 빛과 파동

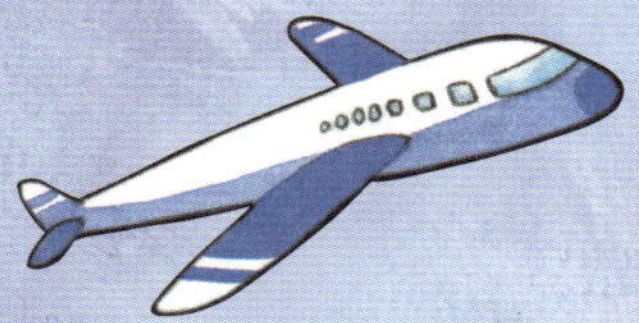

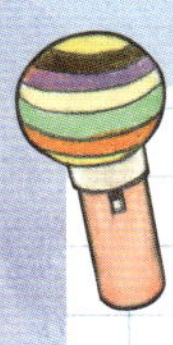

1. 여러 가지 소리

우리 주변은 여러 가지 소리로 가득 차 있어요. 특히 엄마의 배 속에서 막 태어난 아기는 우렁찬 울음소리로 자신이 살아 있음을 알리지요. 이처럼 소리는 자신의 존재를 알리는 놀라운 능력이 있답니다.

세상의 소리

지금 여러분에게는 어떤 소리가 들리나요? 수업 시간을 알리는 종소리, 친구들이 떠드는 소리, 엄마가 부르는 소리, 물이 끓는 소리……. 세상에 흩어져 있는 여러 소리 가운데 여러분은 어떤 소리를 좋아하나요?

도대체 보이지도 않고 잡히지도 않는 소리를 우리는 어떻게 만들어 낼까요? 그리고 어떻게 알아챌 수 있을까요?

소리의 종류는 매우 많아요. 생물이 내는 소리와 무생물이 내는 소리, 바다에서 나는 소리와 도시에서 나는 소리 그리고 두들겨서 내는 소리와 불어

조용한 바닷가에서도 파도 소리를 들을 수 있다.

잔잔한 파도 소리, 거리의 사람들 소리, 악기 연주 소리 등 우리는 주변에서 항상 다양한 소리를 듣는다.

서 내는 소리 등 소리를 나누는 기준도 정말 다양하지요. 소리란 도대체 무엇인지 지금부터 그 정체를 찾아 함께 떠나 볼까요?

소리는 떨림이에요

자신의 이름을 큰 소리로 말해 보세요. 어때요? 소리를 낼 때 우리 몸은 무엇을 하고 있나요? 힌트를 줄게요. 이번에는 목에 손을 대고 소리를 내 봐요. 아, 어, 야호! 어떤 느낌이 드나요? 맞아요. 목의 떨림을 느낄 수 있을 거예요.

그럼 이번에는 다른 소리에 대해 알아볼까요? 북을 한번 두드려 보세요. 북이 없다면 책상을 두드려도 돼요. 책상 위의 물건이 어떻게 되었나요? 아마 책상이 흔들리면서 책상 위 물건도 덩달아 움직였을 거예요. 고무줄도 퉁겨 보세요. 퉁! 소리가 들리나요? 북과 책상을 두드리고 고무줄을 퉁겼을 때, 여러분은 어떤 공통점을 발견했나요? 북, 책상, 고무줄이 모두 떨리는 것을 느꼈을 거예요. 이렇게 소리는 주위에 있는 물체를 떨리게 해서 우리 귀까지 전달된답니다.

그렇다면 우리는 세상의 모든 소리를 들을 수 있을까요? 집 밖 골목길에서 사람들이 걷는 소리, 작은 벌레가 음식을 먹는 소리, 바람에 커튼이 흔들리는 소리, 작은 탁상시계의 초침이 움직이는 소리 등을 모두 들을 수 있

세상의 모든
소리를 들을 수
없다는 것은
고마운 일이야.

다고 상상해 보세요. 만약 정말 그럴 수 있다면 세상의 모든 떨림을 느끼느라 몹시 피곤해질 거예요. 밤에도 여기저기서 들리는 소리 때문에 시끄러워서 잠을 잘 수가 없고, 친구와 이야기할 때도 항상 방해받게 되겠지요.

세상의 모든 소리를 들을 수 없다는 것은 오히려 감사해야 할 일이랍니다. 미세한 소리를 들을 수 있는 초능력자가 있다면 그 사람은 아마도 너무 괴로울 거예요.

목소리의 비밀

우리는 어떻게 소리를 만들어 낼까요?

사람에게는 후두 가운데에 성대라는 곳이 있어요. '아담의 사과'라는 말을 들어 보았나요? 바로 사람의 목에 있는 후두를 가리키지요. 후두는 우리 목의 공기가 지나는 길과 음식물이 지나는 길이 서로 갈라지기 시작하는 부분 위에 있어요. 그리고 후두 가운데에 있는 V 자 모양의 근육을 성대라고 부른답니다.

아담의 사과

사람의 목 앞쪽 가운데에 튀어나온 부분을 말해요. 이 부분을 울대뼈, 혹은 아담의 사과라고도 부르지요. 여성과 어린아이는 많이 튀어나오지 않지만, 성인 남성은 뚜렷하게 발달되어 있답니다. 그래서 아담의 사과라는 별칭이 붙었어요.

■ 후두의 위치

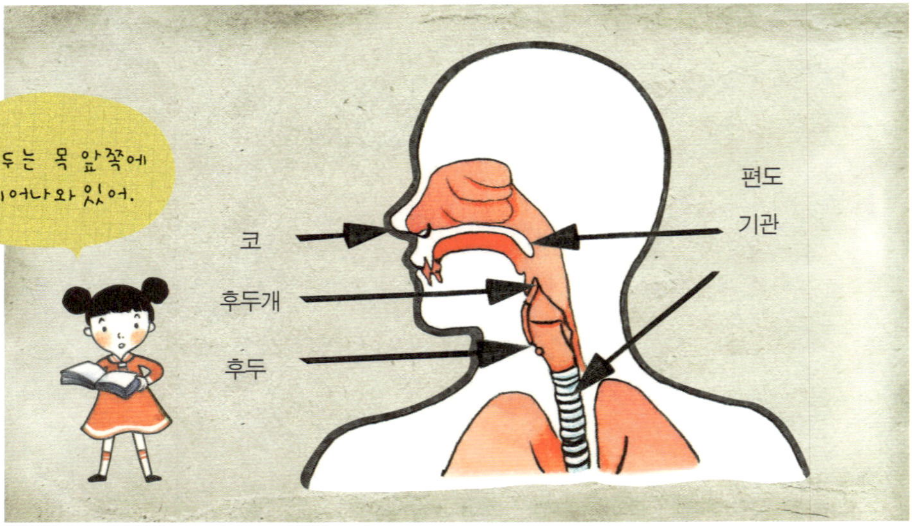

보통 호흡만 할 때는 성대가 열려 있어요. 그런데 소리를 낼 때는 목의 근육이 성대를 당기고, 공기가 지나며 당겨진 성대를 진동시켜서 소리를 낸답니다.

위의 그림같이 컵에 고무줄을 끼우고, A 부분을 빨대로 불어 보세요. 처음에는 쉽지 않겠지만 곧 고무줄이 떨리며 소리가 날 거예요. 떨면서 소리를 내는 고무줄처럼 성대도 팽팽해지며 공기와 부딪쳐 소리를 냅니다.

노래를 할 때 잘못하면 목이 상한다고 하지요? 그 이유는 후두를 힘으로만 눌러서 소리를 내면 성대가 너무 피곤해지기 때문이에요. 성악가는 바로 이 성대를 아끼고, 기술적으로 이용하여 노래를 한답니다.

성대를 기술적으로 이용하는 성악가.
ⓒ pirlouiiiit@flickr.com

TIP 요건 몰랐지?

성대모사

텔레비전에서 연예인들이 정치가나 다른 연예인의 목소리를 흉내 내는 것을 본 적이 있나요? 이것을 성대모사라고 합니다. 성대모사를 잘하는 연예인을 보면 무척 신기하지요? 눈을 감고 듣고 있으면 마치 흉내 내려는 당사자가 와서 이야기하는 듯한 착각에 빠지기도 해요.

이렇게 성대모사를 잘하는 사람에게는 특별한 비법이 있습니다. 바로 성대의 근육을 자유자재로 조절하는 것이지요. 성대의 근육을 사용하는 능력이 뛰어나면 여러 가지 목소리를 낼 수 있습니다.

또 다른 비법은 흉내 내려는 사람의 억양과 말할 때의 습관까지 유심히 살펴서 연습한 목소리로 그대로 따라 하는 것이에요. 더 완벽하게 성대모사를 하려면 행동, 표정 등 그 사람의 여러 특징도 함께 표현해야 한답니다.

흉내 내려는 사람의 행동과 표정까지 자세히 관찰하면 더욱 완벽한 성대모사를 할 수 있다. 연설 중인 오바마 대통령.

남자와 여자의 소리가 달라요

남자와 여자의 목소리가 다른 이유는 무엇일까요?

12~15세 무렵이면 몸이 빠르게 성숙하면서 성대에도 변화가 찾아옵니다. 이 시기를 변성기라고 부르지요. 성대의 근육이 자라면 성대가 진동하는 빠르기가 달라져서 목소리도 달라지는 거예요. 특히, 남학생의 성대는 여학생보다 더 굵고 커져요. 그래서 초등학생 때 별 차이가 없던 남자아이와 여자아이의 목소리는 변성기를 겪고 나면 두드러진 차이를 보이게 됩니다.

동물이 내는 소리

동물은 어떻게 소리를 낼까요?

입이 있는 동물은 성대를 사용해서 소리를 냅니다. 그러면 성대로 소리를 내는 동물 가운데 가장 다양한 소리를 내는 동물은 무엇일까요? 바로 사람이에요. 사람은 성대뿐만 아니라 입술과 혀를 사용해서 많은 종류의 소리를 만들 수 있어요. 세계 각국의 언어를 살펴보면 알 수 있지요. 각 언어마다 사용하는 소리가 조금씩 다른데, 현재 세계의 언어는 약 2,500~3,500개로 추정되고 있어요. 우리말에는 없는 영어 발음 때문에 어려웠던 적이 있나요? 그렇게 조금씩 다른 소리가 언어의 수만큼 많다고 생각해 보면 사람이 동물 가운데 가장 다양한 소리를 낸다는 사실을 쉽게 이해할 수 있을 거예요. 성대가 있는 다른 육지 동물은 서로 위협하거나 유혹하기 위해 으르렁대거나 꽥꽥거리며 소리를 냅니다.

배 밑에서 소리를 내는 매미.

성대를 사용하지 않고 소리를 내는 동물도 있어요. 매미는 수컷만 소리를 낼 수 있고, 암컷은 소리를 내지 못하는데,

매미의 배에 있는 발음막(진동막), 발음근, 기낭(공기주머니)이 소리를 내게 도와줍니다. 암컷은 기낭이 없어서 소리를 낼 수 없답니다. 수컷 매미는 발음근을 당겨서 발음막을 움푹 들어가게 한 다음 '딸깍' 하고 소리를 내요. 이 소리가 기낭에서 증폭되고 연속적으로 반복되면 '찌이이' 하고 소리가 나지요.

소리를 내는 거미를 본 적 있나요? 바로 '타란툴라'라는 거미인데, 겉모습이 무섭게 생겨서 공포 영화에서도 종종 볼 수 있는 녀석이지요. 타란툴라는 거미류 중에서 가장 몸집이 크고, 독도 있답니다. 주로 곤충을 잡아먹지만 작은 쥐나 새를 잡아먹기도 하지요. 이렇게 무섭게 생긴 타란툴라도 위협을 느낄 때가 있어요. 위험하다고 느끼는 순간, 다리에 있는 수북한 털을 서로 비벼서 소리를 낸답니다.

위협을 느낄 때, 다리에 있는 수북한 털을 서로 비벼서 소리를 내는 타란툴라.

그런데 물속에 사는 동물은 정말 조용하지요? 물고기는 소리를 내지 못할까요? 그렇지 않답니다. 놀랍게도 으르렁거리거나 이상한 소리를 내는 물고기도 많아요. 물고기에게

'기이' 하고 소리를 내는 열대어 시노돈티스.
ⓒ Haps@the Wikimedia Commons

는 사람의 성대 같은 기관이 없어요. 하지만 물고기도 서로 의사소통을 하기 위해 소리를 냅니다. 다만 우리와는 다른 방법을 사용하지요. 물고기가 조용하다고 느끼는 이유는 우리가 들을 수 없는 높낮이로 소리를 내기 때문이에요.

물고기는 몸속에 있는 부레 안쪽의 근육을 수축하거나 부레의 얇은 막을 진동시켜 여러 가지 소리를 냅니다. 몸이 직각으로 구부러져 있는 해마는 턱을 배에 비벼서 소리를 내요. 이빨을 부딪쳐서 소리를 내는 물고기도 있어요. 그중 복어는 이빨과 턱이 잘 발달해 있어서 이빨끼리 마찰하며 '끄륵끄륵' 소

너들이 내 말을 알아?
....
말도 못 하면서.
생물들이 내는 소리를 다 우리가 들을 수 있는 것은 아냐.

리를 내지요. 쥐치는 물 밖으로 나오면 '찍찍' 하고 쥐 소리를 낸답니다. 그래서 이름도 쥐치로 불리나 봐요. 열대어 중에도 소리를 내는 물고기가 있는데, '시노돈티스'나 '한콕키 토킹캣'의 종류가 '기이' 하며 소리를 내지요.

바닷속도 결코 조용한 곳이 아니라니 참 놀랍지요? 그런데 왜 잠수부는 물속 동물이 내는 소리를 잘 듣지 못할까요? 그 이유는 바다 자체에서 나는 소리가 물고기가 내는 소리보다 크기 때문이랍니다.

부레

물고기에게 있는 공기 주머니를 말해요. 부레의 중요한 역할은 물고기가 물속에서 움직이기 쉽게 하는 것입니다. 그 외에도 청각과 평형 감각을 담당하고, 소리를 내기도 하지요.

Q&A 꼭 알고 넘어가자!

문제 1 매일 말을 하고, 노래도 부르는 사람은 어떻게 소리를 만들까요?

문제 2 어릴 때는 남자아이와 여자아이의 목소리가 비슷한데 사춘기를 지나면서 목소리가 확연하게 달라지는 이유는 무엇일까요?

3. 입이 있는 동물은 사람처럼 성대를 사용해서 소리를 내요. 육지에 사는 동물은 서로 위협하거나 유혹하기 위해 으르렁대거나 꽥꽥거리지요. 또 성대를 사용하지 않는 동물도 있어요. 수컷 매미는 배에 있는 발음막(진동막), 발음근, 기낭(공기주머니)을 이용해서 소리를 내고, '타란툴라'라는 거미는 다리에 있는 털을 서로 비벼서 소리를 냅니다. 또 물고기는 몸속에 있는 부레를 이용하여 소리를 내지요.

문제 3 세상에는 다양한 소리를 내는 많은 동물이 있어요. 동물은 어떻게 소리를 낼까요?

정답

1. 우리는 후두 안에 있는 성대 때문에 소리를 낼 수 있답니다. 후두는 목에서 공기가 지나는 길과 음식물이 지나는 길이 서로 갈라지기 시작하는 부분 위에 있지요. 성대는 후두 가운데에 있는 V 자 모양의 근육이에요. 보통 숨을 쉴 때는 성대가 열려 있지만, 소리를 낼 때는 목의 근육이 성대를 당겨서 공기가 성대를 지나며 성대를 진동시켜 소리를 납니다.

2. 12~15세 무렵이면 몸이 빠르게 성숙하면서 성대도 변하게 돼요. 이 시기를 변성기라고 부르지요. 성대의 근육이 자라면 성대가 진동하는 빠르기가 달라져서 목소리가 달라지는 거예요. 변성기를 겪고 나면 남학생의 성대가 여학생보다 굵고 커져서 목소리가 두드러지게 차이가 납니다.

관련 교과

초등 3학년 1학기 1. 우리 생활과 물질
중학교 1학년 1. 물체의 세 가지 상태, 2. 분자의 운동
중학교 2학년 5. 빛과 파동

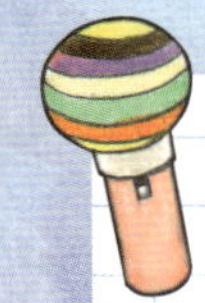

2. 소리의 비밀

우리는 엄마 배 속에 있을 때부터 소리를 듣기 시작해요. 실제로 아기는 보는 것보다 듣는 것을 먼저 시작한답니다. 그래서 아기가 아무것도 보이지 않는 엄마의 배 속에 있을 때에도 엄마는 아기에게 좋은 음악을 들려 주고 이야기도 합니다.

소리가 들려요

청소골

가운데귀의 속에 있는 세 개의 작은 뼈를 말해요. 각각 망치뼈, 모루뼈, 등자뼈로 불리고 고막의 진동을 속귀에 전달하는 일을 합니다.

소리는 어떻게 귓속까지 들어올까요? 사람의 성대가 울리거나 물체가 부딪치면 그 주위를 둘러싸고 있던 공기 알갱이나 액체, 또는 물체도 함께 진동합니다. 이러한 진동은 우리 귓속까지 공기를 타고 전달되어 고막을 함께 진동시키지요.

하지만 고막이 만드는 진동은 너무 작아서 우리가 소리로 느끼기는 어려워요. 그래서 고막 옆에 있는 청소골에서 작은 소리를 큰 진동으로 확대하여 전달합니다. 뼈를 따라 크기가 커진 진동은 달팽이관까지 들어가 소리를 듣는 청세포에 전달되지요.

■ 귀의 구조

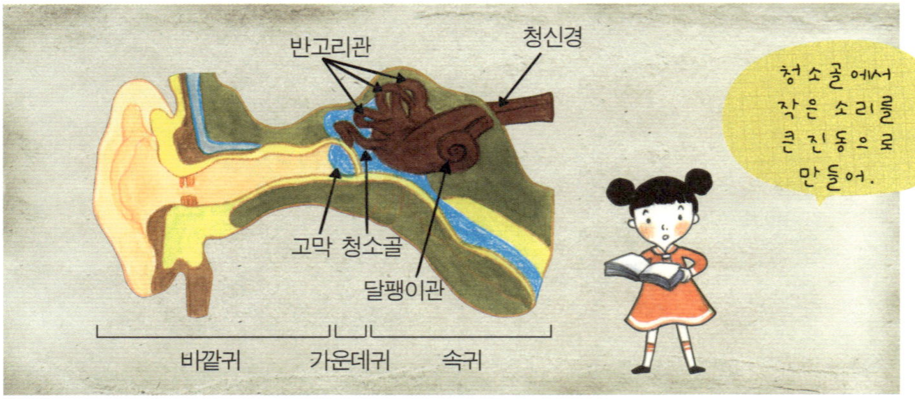

소리가 나는 방향을 어떻게 알까요?

우리는 소리를 들을 때 소리가 나는 방향을 어떻게 알 수 있을까요? 사람의 양쪽 귀에 도달하는 소리는 도착하는 시간과 진폭이 약간 다르답니다. 이러한 시간과 진폭의 차이를 이용해서 소리가 어디서 오는지를 알게 되지요. 예를 들어, 왼쪽에서 소리가 나면 오른쪽 귀보다 왼쪽 귀가 소리를 더 크게 먼저 듣기 때문에 왼쪽에서 소리가 난 것을 알 수 있습니다. 또 귓바퀴의 구조 때문에 소리가 앞에서 나는지, 뒤에서 나는지도 알 수 있어요. 사람의 귓바퀴

진폭

일정한 진동이 있을 때 진동의 중심으로부터 최대로 움직인 거리를 이르는 말이에요. 진동의 중심은 물체가 정지해 있는 위치를 뜻하지요. 진폭은 진동 운동의 크기를 나타냅니다.

는 앞쪽을 향해 있어서 귓바퀴에 들어오는 소리의 각도를 인식하고 소리가 나는 위치를 알지요.

소리가 나는 방향에 따라 우리 귀에 다르게 들리는 원리를 생활에 활용한 예가 있어요. 바로 영화를 볼 때 좀 더 실감 나게 즐길 수 있도록 도와주는 3D 입체 음향 기술입니다.

3D 입체 음향이란 스피커를 좌우 또는 앞뒤로 놓아서 소리에 방향감, 거리감, 입체감을 주어, 듣는 사람이 소리가 나는 현장에 직접 있는 듯한 느낌을 받게 하는 기술을 말해요. 예전에는 영화를 볼 때 한쪽에서만 소리가 들려서 실제 같은 느낌이 덜했지만, 요즘은 영화관이나 일반 가정에서도 3D 입체 음향으로 영화를 감상할 수 있어요. 3D 입체 음향으로 영화를 볼 때 뒤쪽에서 주인공을 부르는 나지막한 소리는 관객 뒤편에 있는 스피커에서 나온답니다. 3D 입체 음향 기술이 3D 영상 기술과 합쳐지면 우리는 더욱 실감 나게 영화를 감상할 수 있어요.

3D 입체 음향을 이용하는 홈시어터. © gsloan@flickr.com

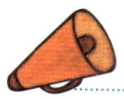

녹음되면 다르게 들리는 목소리

여러분은 자신의 목소리를 어떻게 듣고 있나요? 기계에 녹음해서 목소리를 들은 적이 있나요? 녹음된 자신의 목소리를 처음 들으면 대부분 어색해해요. 그렇다면 평상시에 귀로 직접 듣는 내 목소리와 녹음된 목소리 중에 실제 내 목소리는 무엇일까요? 바로 녹음기로 듣는 나의 목소리가 진짜예요. 나는 녹음된 목소리가 어색하지만 친구들은 아무렇지도 않게 그 소리가 내 목소리라고 말해요. 이렇게 귀로 직접 들리는 목소리와 녹음기로 듣는 목소리가 다르게 들리는 이유는 목소리를 낼 때, 성대와 목이 진동하면서 귀를 함께 진동시키기 때문입니다. 그래서 원래 목소리가 아닌 다른 소리가 섞인 소리를 듣게 되는 것이지요.

들을 수 있는 소리, 들을 수 없는 소리

돌고래와 이야기하는 사람이 있다고 해요. 그 사람은 정말 돌고래 소리가 들릴까요?

사람이 들을 수 있는 소리는 보통 20헤르츠(㎐)에서 2만 ㎐까지예요. 이 말은 1초에 20번 진동하는 소리부터 2만 번 진동하는 소리까지는 들을 수 있지만, 그 이하나 그 이상의 소리는 들을 수 없다는 뜻이지요. 그래서 20~2만 ㎐의 소리를 가청 주파수라고 해요. 사람이 가장 민감하게 느끼는 최적 주파수는 1,000~4,000㎐이며, 보통 남자가 말할 때는 약 120㎐이고, 여자가 말할 때는 약 250㎐라고 해요. 16㎐보다 작은 진동수의 소리는 초저주파 음, 2만 ㎐보다 높은 진동수의 소리는 초음파라고 부릅니다. 초음파는 엄마 배 속에 있는 아기를 살펴보거나, 해저 지형을 탐사할 때 사용되기도 합니다. 초음파에 대해서는 나중에 더 자세히 알아보기로 해요.

1초에 20번 진동하면
20헤르츠라고 하던데,
30번 진동하면
30헤르츠겠지?

돌고래와 박쥐는 초음파를 사용하여 의사소통을 하거나 장애물을 확인합니다. 박쥐는 1,000~12만 ㎐ 범위의 소리를, 고래는 2,000~20만 ㎐의 소리를 들어요. 개와 고양이는 고주파 음을 듣고, 코끼리는 12㎐ 정도의 초저주파 음으로 수 ㎞ 떨어진 곳에서도 의사소통을 할 수 있답니다. 그래서 코끼리는 지진이 발생했을 때 지진을 감지하는 것은 물론 150㎞ 떨어진 곳에서 일어나는 폭풍우도 알 수 있어요.

■ 동물의 가청 진동수 범위

	들을 수 있는 진동수 범위
사람	20～20,000Hz
박쥐	1,000～120,000Hz
개	15～50,000Hz
돌고래	150～150,000Hz
고양이	60～65,000Hz
코끼리	12Hz 정도

코끼리는 귀가 커서 들을 수 있는 소리의 범위가 넓다고 생각하기 쉽지만 코끼리의 가청 진동수 범위는 매우 작아요. 귀의 모양이나 크기보다는 고막이나 청세포의 능력 차이가 동물이 들을 수 있는 소리의 영역을 결정하기 때문이지요.

코끼리와 돌고래는
사람이 들을 수 없는
소리가 들리겠네!

초음파를 들을 수 있는 돌고래와 초저주파 음을 들을 수 있는 코끼리.

TIP 요건 몰랐지?

지진과 동물

2004년 12월 쓰나미가 동남아시아를 강타해 큰 피해가 발생했다. © David Rydevik@the Wikimedia Commons

우리도 지진이나 해일이 밀려오는 소리를 들을 수 있다면 얼마나 좋을까요?

사람은 땅속의 진동 소리를 들을 수 없지만, 많은 동물은 지진이 일어나기 전에 소리를 들어서 사람보다 먼저 지진이 오는 것을 알 수 있습니다.

실제로 1995년 일본의 고베에서는 지진이 일어나기 전에 물고기가 평상시보다 열 배 더 많이 잡혔고, 깊은 바다에서만 볼 수 있는 물고기가 수면 근처까지 올라와 잡혔어요. 1976년 중국 탕산 대지진 때는 지진이 일어나기 몇 시간 전에 갑자기 수많은 개구리 떼가 이동해 큰 화제가 되었지요. 이뿐만이 아니에요. 파충류 중에는 뱀이 지진에 민감해요. 지진이 일어날 것을 미리 안 뱀들이 갑자기 똬리를 튼 채 며칠 동안 꼼짝하지 않거나, 겨울잠을 자야 할 시기에 땅 위로 올라왔다가 얼어 죽는 경우도 있답니다.

2004년 12월 동남아시아에 쓰나미가 발생했어요. 쓰나미는 지진으로 일어나는 해일이에요. 그런데 우리에 갇혀 있던 동물을 제외하면 죽은 동물이 많이 발견되지 않았어요. 이러한 현상이 벌어지는 이유는 지진이 발생하기 전에 일어나는 땅속의 진동을 동물이 먼저 듣고 행동하기 때문입니다. 중국의 지진 연구팀은 이런 동물의 이상행동을 이용해 20여 차례나 지진을 예측하는 데 성공했어요.

소리는 진공을 싫어해요

대부분의 사람들은 시끄러운 곳을 싫어해요. 소리도 사람처럼 좋아하는 곳이 따로 있어요. 지금부터 소리는 어느 장소를 좋아하는지 알아보기로 해요.

소리를 듣기 위해서는 진동을 전달해 줄 물질이 필요합니다. 그래서 아무런 물질도 없는 진공 상태에서는 소리가 전달되지 않아요. 우주 공간으로 나가면 소리는 어떻게 될까요? 우주선 밖으로 나간다면 우리는 소리를 주고받을 수가 없어요. 진공인 우주 공간에서는 소리를 전달해 줄 물질이 없기 때문이지요.

달에 있던 두 사람이 무선 통신기를 잃어버렸어요. 어떻게 될까요? 두 사람은 소리를 주고받을 수 없게 되지요. 하지만 다정하게 헬멧을 맞대고 듣는다면 문제는 곧 해결됩니다. 헬멧 속에서 진동하던 소리가 서로의 헬멧을 통해 상대방에게 전달되기 때문이에요.

이중 유리창의 비밀

빌딩이나 아파트의 유리창을 자세히 살펴본 적이 있나요? 멀리서 보면 두꺼운 유리 한 장처럼 보이지만 사실은 유리 두 장 사이에 틈을 두고 있어요. 이렇게 창을 이중으로 만드는 이유는 유리와 유리 사이에 틈을 주고 이 틈을 진공에 가깝게 만들어 소리의 전달을 막기 위해서랍니다. 이중 유리창 사이에 있는 작은 틈은 소리뿐만 아니라 열을 차단하는 효과도 뛰어나서 방음과 단열재로 인기가 있어요.

■ 이중 유리창의 구조

판유리
진공 상태
두 장의
유리사이에는
공기가 없어 소리가
이동하기 어려워.

소리의 빠르기

소리는 얼마나 빠를까요? 무엇인가 우리를 덮쳐올 때, 소리를 듣고 도망친다면 과연 안전할까요? 기온에 따라 약간 차이는 있지만 소리는 보통 1초에 340m를 이동합니다. 따라서 무엇인가 나를 덮칠 때 그것이 1초에 340m를 움직이는 소리보다 느리다면 소리를 듣고 난 후에도 피할 수 있어요.

혹시 영화나 텔레비전에서 인디언이 땅에 귀를 대고 엎드려 있는 모습을 본 적이 있나요? 인디언이 땅에 귀를 대는 이유는 무엇일까요? 그것은 땅으로 전달되는 소리를 듣고 빨리 위기에 대처하기 위해서랍니다. 그렇다면 서 있는 상태에서 공기를 통해 소리를 듣는 것보다 땅을 통해서 소리를 듣는 것이 더 빠른 것일까요?

소리는 진동을 전달해 줄 수 있는 물질이 촘촘히 배열되어 있을 때 빨리 전달돼요. 그래서 분자가 가장 촘촘하게 배열되어 있는 고체에서 가장 빠

■ 물질의 상태에 따른 소리의 속력

상태	물질	소리의 속력 (15℃)
기체	공기	약 340m/s
액체	물	약 1,500m/s
고체	강철	약 5,000m/s

분자

물질의 성질을 가지고 있는 가장 작은 단위를 말해요. 고체, 액체, 기체 상태 모두로 있을 수 있지요. 분자 사이의 거리가 변하면 물질의 상태가 변한답니다.

르게 전달되고 그다음에 액체, 기체 순서로 빠르답니다. 인디언이 서서 소리를 듣지 않고 땅에 귀를 대고 소리를 듣는 이유가 바로 이 때문이지요. 고체인 땅이 기체인 공기보다 소리를 더욱 빠르게 전달해 주니까요.

쇠막대, 물, 공기를 각각 사이에 두고 이야기한다면 쇠막대, 물, 공기 순으로 소리가 빨리 전달돼요. 즉, 공기보다는 물속에서, 물속보다는 책상에 엎드려 있을 때 소리를 더 빨리 들을 수 있답니다.

소리의 빠르기는 물질의 상태뿐만 아니라 온도에도 영향을 받아요. 온도가 높을수록 물질을 이루는 분자 운동이 활발해져 소리의 진동을 더 빠르게 전달하지요. 그래서 온도가 높으면 더 빨리 소리를 들을 수 있습니다.

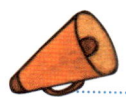

소리보다 빠르면 어떻게 될까요?

만약 우리가 소리보다 더 빠르게 달린다면 어떻게 될까요?

친구가 나를 부를 때 나는 소리보다 더 빠르게 달리는 자동차를 타고 있다면, 친구의 소리는 전달될 수 없어요. 친구가 무슨 말을 하는지 전혀 들을 수 없답니다. 하지만 이때 휴대전화를 사용하면 친구와 이야기할 수 있어요. 전파는 빛의 속도와 같은 빠르기로 전달되니까요.

Q&A 꼭 알고 넘어가자!

문제 1 우리는 항상 수많은 소리를 듣는데, 이 소리는 어떤 과정을 거쳐서 우리 귓속까지 들어올까요?

문제 2 공기가 없는 우주에서는 소리를 들을 수 없어요. 그 이유는 무엇일까요?

3. 소리는 기온에 따라 약간의 차이는 있지만 보통 1초에 340m를 달려가요. 따라서 무엇인가가 나를 덮칠 때 그것이 1초에 340m 움직이는 소리보다 느리다면 소리를 듣고 난 후에도 피할 수 있답니다.

문제 3 무엇인가 우리를 덮쳐올 때 소리를 듣고 피할 수 있는 이유는 무엇인가요?

정답

1. 사람의 성대나 악기 또는 물체가 부딪치면 그 주위를 둘러싸고 있던 공기 알갱이나 액체, 또는 그 주위의 물체도 함께 진동한답니다. 이러한 진동은 우리 귓속에 있는 공기를 타고 계속 전달되어 고막을 함께 진동시키지요. 고막 옆에 있는 청소골에서는 고막의 진동을 더욱 크게 확대하여 전달하고, 뼈를 따라 크기가 커진 진동은 달팽이관까지 들어가 소리를 듣는 청세포에 전달된답니다.

2. 소리를 듣기 위해서는 진동을 전달해 줄 물질이 필요해요. 그래서 아무런 물질도 없는 진공 상태에서는 소리가 전달되지 않아요. 우주는 진공 상태이기 때문에 우주선 밖으로 나간다면 우리는 소리를 주고받을 수가 없답니다.

관련 교과

초등 4학년 2학기 4. 화산과 지진
초등 6학년 1학기 3. 계절의 변화
중학교 2학년 5. 빛과 파동

3. 소리와 파동

여러분은 소리가 어떤 능력이 있는지 알고 있나요? 소리는 사람이나 동물이 자신의 뜻을 서로에게 전할 수 있게 하는 능력도 있지만 또 다른 엄청난 위력도 있어요. 소리는 도대체 어떤 방식으로 자신의 능력을 과시할까요?

소리는 에너지를 전달해요

진동

물체가 시간의 흐름에 따라 하나의 기준점을 중심으로 반복적으로 오가면서 움직이는 것을 말해요. 괘종시계의 시계추를 들었다가 놓으면 좌우로 반복해서 움직이지요. 이것이 바로 진동이랍니다.

소리는 우리의 의사소통을 돕고, 아름다운 음악으로 우리를 기쁘게도 해요. 그런데 소리는 또 다른 능력도 있답니다.

소리는 진동을 하며 주위에 에너지를 전달해요. 스피커 앞에 촛불을 두면 스피커에서 나오는 소리가 촛불을 끌 수도 있어요. 여러분은 천둥이 쳐서 유리창이 흔들리는 것을 본 적이 있을 거예요. 이렇게 소리는 진동으로 주위의 물체를 흔들거나 깨뜨릴 수 있어요. 소리가 가진 힘을 잘 조절하면 진동으로 그릇을 씻을 수도 있고, 물을 뿜어 습도를 조절할 수도 있답니다. 가정에서 사용하는 식기세척기와 가습기는 초음파를 활용한 예이지요.

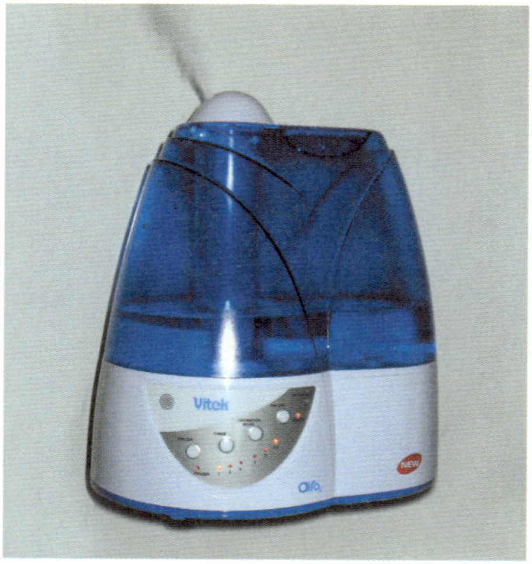

초음파를 활용하여 습도를 조절하는 가습기.

우리 주위에는 소리 말고도 진동하는 것이 더 많이 있어요. 흔들리는 물결도 진동을 하지요. 그리고 이런 진동을 직접 만들어서 확인할 수도 있어요. 손에 고무줄을 잡고 퉁겨 보세요. 그때 손으로 느껴지는 떨림이 바로 진동이랍니다.

소리는 파동이에요

아래 사진을 보면 배에서 생긴 물결이 중심에서 사방으로 퍼져 나가는 것을 알 수 있어요. 바람과 엔진 등 다른 조건의 변화 없이 오직 물결만 영향을 준다면 물 위에 떠 있는 배는 어떻게 될까요? 집에서 한번 비슷한 조건을 만들어 종이배로 실험해 보세요. 물 위에 종이배를 띄우고 관찰한다면, 종이배는 오른쪽으로 움직일까요? 아니면 위아래로 이동할까요? 혹은 좌우로 움직일까요?

물 위에 떠 있는 배를 중심으로 물결이 퍼져 나가고 있다.
ⓒ Mkooiman@the Wikimedia Commons

물결이 움직이기 때문에 배도 움직일 것이라고 생각하기 쉽지만 결과는 그렇지 않을 거예요.

물결은 사방으로 퍼져 나가지만 배는 위아래로만 움직일 뿐 물결을 따라 이동하지는 않는답니다. 물결이 만들어 낸 파동 때문에 배를 움직이는 에너지는 사방으로 이동하지만, 배를 움직이는 물 자체는 제자리에서 진동할 뿐 주위로 나아가지 않지요.

물결은 한 부분에서 생긴 진동이 일정한 시간 간격으로 운동을 반복하면서 주위로 멀리 퍼져 나가는 파동의 한 형태예요. 파동에서 에너지와 매질의 관계는 다음 그림과 같아요.

매질

파동을 전달해 주는 물질을 매질이라고 해요. 우리가 듣는 소리를 전달하는 매질은 대부분 공기이지요. 만약에 물속에서 소리를 듣는다면 이때에는 물이 매질이 된답니다.

위 그림에서 사람들은 장작더미에 불이 나서 불을 끄기 위해 물을 옮기고 있어요. 사람들은 직접 달려가지 않고, 제자리에서 물을 건네주기만 하면 되지요. 여기서 사람을 통해 이동하는 양동이는 파동을 통해 전달되는 에너지와 같아요. 물을 운반하는 사람은 매질과 같은데, 제자리에서만 움직이지요.

이때, 파동을 통해 이동하는 에너지는 어디에서 와서 어디로 갈까요? 다음 그림에서 막 떨어지려는 물방울을 보세요. 높은 곳에 위치하는 물체는 그 아래에 있는 물체를 움직이거나 깨뜨리는 능력이 있어요. 이때, 높은 곳에 있던 물체는 위치 에너지를 가지고 있답니다. 물방울은 수면으로 내려와 둥근 원을 만들고, 물방울이 가지고 있던 위치 에너지는 파동 에너지로

물방울은 수면으로 떨어져 둥근 원을 만든다.

바뀌게 돼요. 이 파동은 어느 곳엔가 도달하여 다른 물체를 밀어내거나 움직이게 하지요.

소리가 에너지를 전달하는 것도 마찬가지예요. 예를 들면, 우리 몸이 섭취한 영양소의 에너지가 성대를 움직이고, 성대는 공기 입자를 움직여서 파동을 만들지요. 공기 입자의 움직임은 마치 도미노 놀이처럼 파동을 만들어 우리가 파동 에너지를 소리로 느끼게 된답니다. 파동은 처음 만들어진 곳에서 어떤 모습이었냐에 따라 모양이 달라져요. 모양에 따라 평면파, 원형파, 구면파로 나눌 수 있답니다.

공기 입자의 움직임은 도미노 놀이처럼 차례차례 파동을 만든다. ⓒ Hide-sp@the Wikimedia Commons

TIP 요건 몰랐지?

평면파·원형파·구면파

파동을 관찰해 보면 아래 그림과 같이 평면을 이루면서 가는 파동과 원을 만들면서 가는 파동이 있어요. 파동은 이런 모양을 기준으로 평면파와 원형파 그리고 구면파로 나눌 수 있답니다.

파동의 모양이 이렇게 달라지는 원인은 파동이 발생하는 지점, 즉 파원 때문이에요. 물결파를 만들 때 평면 자로 두들기면 평면파가 발생하고, 물방울을 떨어뜨리면 원형파가 발생하지요. 전구에서 발생하는 빛은 상하좌우 앞뒤 모든 방향으로 나아가기 때문에 구면파가 발생한답니다.

그런데 이런 평면파, 원형파, 구면파는 완전히 독립된 것은 아니에요. 원형파가 멀리까지 이동하여 굉장히 큰 원을 만들었을 때를 상상해 보세요. 아마 그때에는 파의 모양이 원인지, 직선인지 쉽게 구별할 수 없을 거예요.

평면파

원형파

소리는 어떤 파동일까요?

소리는 어떤 모습을 가진 파동일까요? 용수철을 흔들어 진동시키면 그림같이 두 가지 파동을 만들 수 있어요.

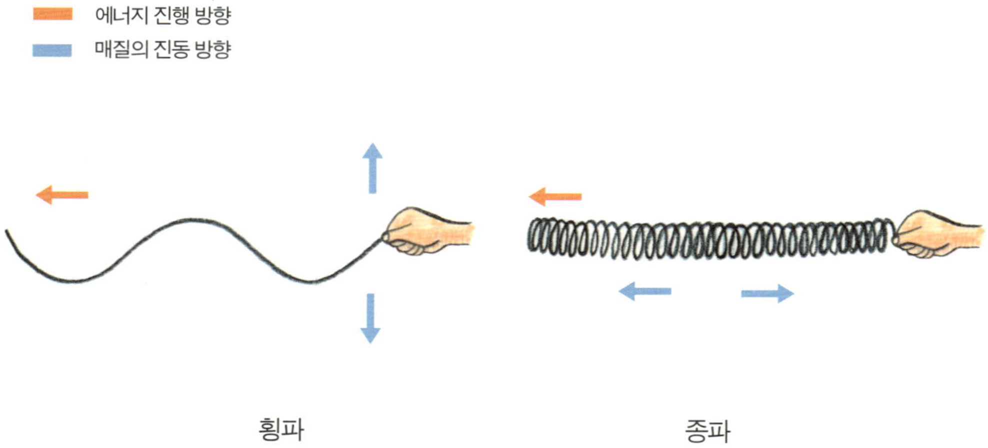

두 파동은 어떤 점이 다른가요? 두 용수철에서 에너지는 모두 왼쪽으로 이동하고 있어요. 그런데 용수철이 진동하는 방향은 각각 위아래와 앞뒤로 다르답니다. 파동은 에너지가 진행하는 방향과 용수철(매질)이 진동하는 방향에 따라 두 가지로 나눌 수 있어요.

횡파는 에너지 진행 방향과 매질의 진동 방향이 수직인 파동을 말하고, 고저파라고도 해요. 횡파에는 물결파, 빛과 전자기파, 지진파의 S파 등이 있지요. 종파는 에너지 진행 방향과 매질의 진동 방향이 나란한 파동을 말해요. 소밀파라고도 한답니다. 종파에는 음파, 초음파, 지진파의 P파 등이 있어요.

입자

물질을 구성하는 미세한 크기의 물체를 말해요. 알갱이라고도 불리지요. 물질의 성질을 가지고 있는 가장 작은 단위를 뜻하는 분자나 물질의 기본을 이루는 가장 작은 상태인 원자를 뜻하는 말이기도 해요.

소리는 소리가 발생하는 곳 주위에서부터 공기 입자의 진동으로 소밀파를 형성해요. 공기 입자의 진동 방향과 소리 에너지의 진행 방향이 나란하기 때문에 종파에 해당하지요. 2만 ㎐보다 높은 진동수의 소리인 초음파와 16㎐보다 작은 진동수의 소리인 초저주파 음은 우리가 들을 수는 없지만 같은 방식으로 형성되는 소리이기 때문에 모두 종파에 속한답니다.

소리굽쇠를 치면
우리 눈에는 보이지 않지만
소리굽쇠 주위에
공기 알갱이가 빽빽이
몰려들어.

파동이 보여요

파동은 다음과 같은 모습이에요.

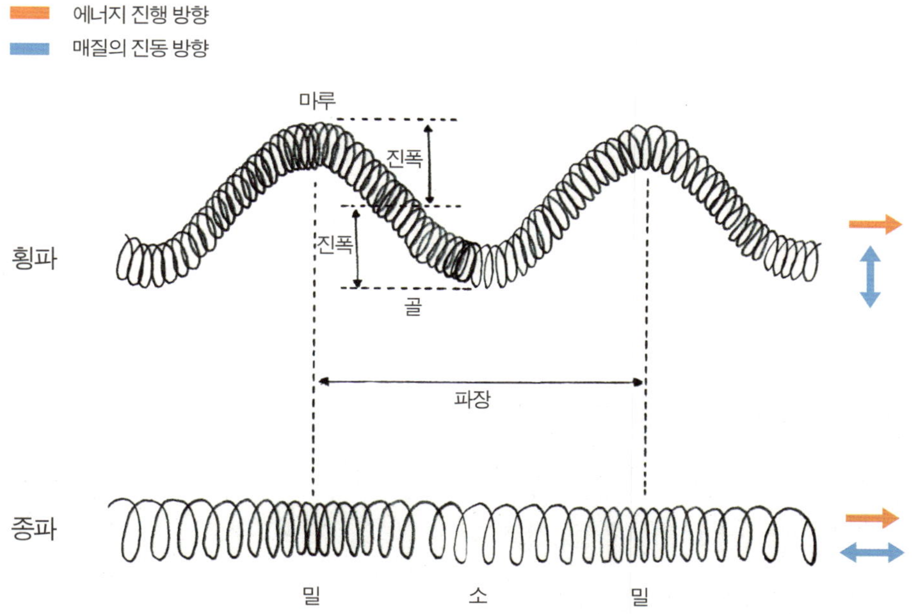

파동은 규칙적으로 같은 모양이 반복되어 나타나요. 같은 모양이 반복되는 지점까지의 거리를 파의 길이란 말을 줄여 '파장', 중심으로부터 진동하는 크기를 '진폭'이라 부르지요. 횡파의 경우, 가장 높은 점을 '마루', 가장 낮은 점은 '골'이라 하며, 종파의 경우 매질이 가장 밀집되어 있는 곳을 '밀', 가장 적게 모여 있는 곳을 '소'라고 부른답니다.

파동의 빠르기는 1초 동안 진동한 횟수로 표현해요. 이 횟수를 진동수 또는 주파수라고 부르지요. 진동수의 단위에는 헤르츠(㎐)를 쓴답니다. 1초 동안 2회 진동했다면, 진동수는 2㎐가 돼요. 이런 경우는 0.5초 동안 1회 진동한 셈이지요. 이때, 1회 진동하는 데에 걸린 시간인 0.5초를 주기라고 한답니다. 주기는 매질이 진동하면서 같은 운동 상태로 돌아오기까지의 시간을 의미해요. 주기와 진동수는 역수의 관계예요. 더 쉽게 말하면, 주기와 진동수는 곱하면 1이 나온답니다. 진동수 2와 주기 0.5를 곱해보세요. 1이 맞지요?

그렇지만 종파는 해석하기 복잡해요. 그래서 사람들은 종파를 횡파로 바꾸어 생각했어요. 파동의 모양을 눈으로 볼 수 있게 해 주는 '오실로스코프'라는 기계는 알아서 종파를 횡파로 바꾸어 보여 준답니다. 이제부터는 소리를 횡파의 모양을 빌려서 알아보도록 해요. 하지만 소리가 종파라는 사실을 잊어버리면 안 돼요.

여러 가지 파동

지진파는 땅속의 한 부분에서 시작된 진동이 땅을 통해 전달되는 파동이에요. 지진파 중 P파는 Primary Wave의 준말이에요. 가장 먼저 도달하여 '제1의 파동'이라는 뜻으로 붙여진 이름이지요. 지진파 중 S파는 Secondary Wave의 준말이에요. 나중에 도달하여 '제2의 파동'이라는 뜻으로 붙여진 이름이지요. S파는 진동 방향이 파의 진행 방향과 수직이라는 특징이 있어요.

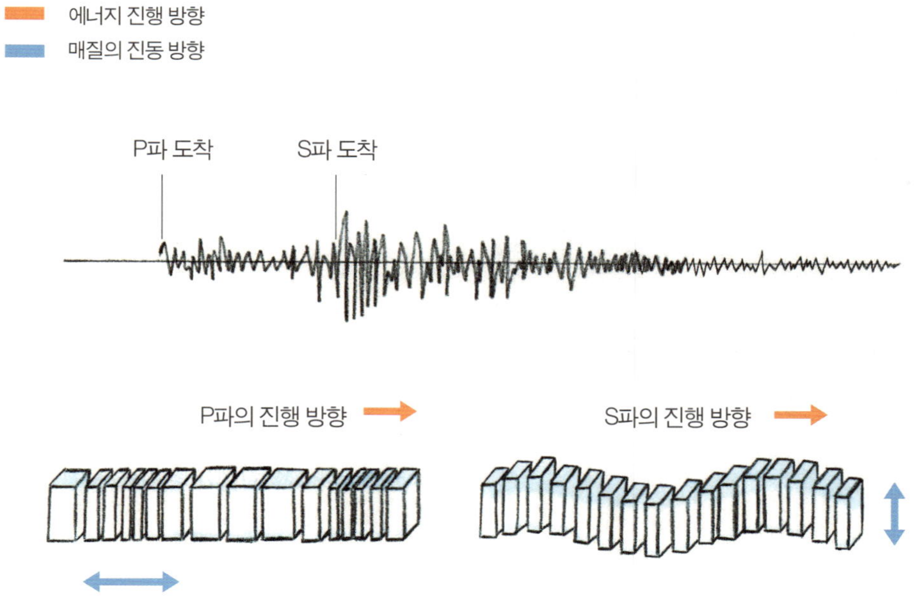

전자기파는 전기와 자기의 성질을 지닌, 진행 방향에 수직으로 진동하는 파동이에요. 빛도 전자기파의 한 종류지요.

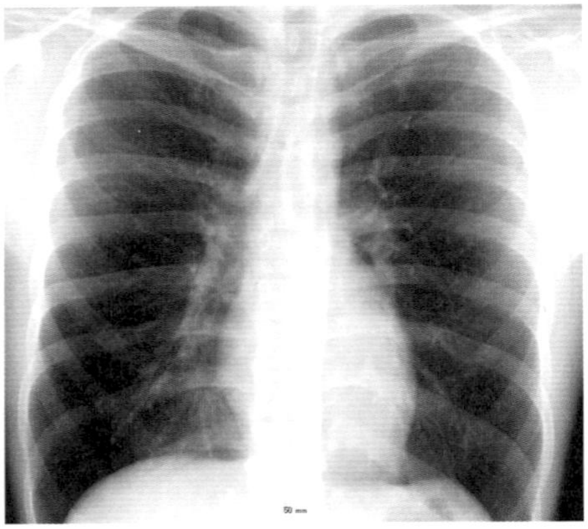
전자기파 엑스선은 질병을 진단할 때 사용된다.
ⓒ Chikumaya@the Wikimedia Commons

전자기파의 쓰임은 매우 다양해요. 라디오에서 나오는 전파, 색을 볼 수 있게 해 주는 가시광선, 상대방이 있는지 없는지 알 수 있게 해 주는 적외선, 살균할 때 이용하는 자외선 모두 전자기파랍니다. 또한 전자기파 중에는 투과력이 높아서 몸 안을 살펴볼 때 사용하는 엑스선도 있고 에너지가 높아서 암을 치료할 때 사용하는 감마선도 있어 목적에 따라 널리 이용되고 있어요.

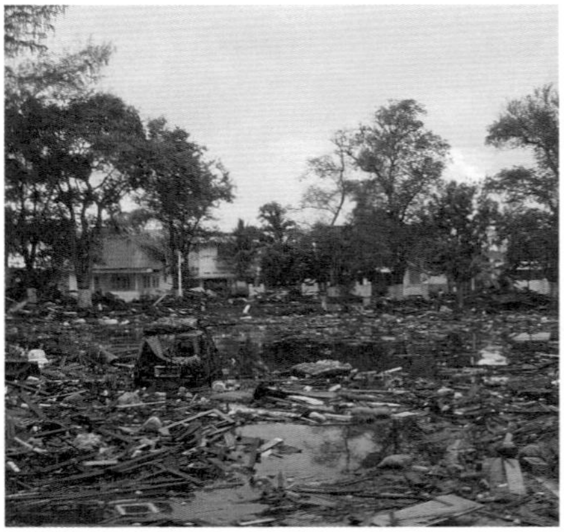
2004년 물결파 쓰나미가 동남아시아를 강타해 많은 피해를 입혔다.

물결파는 바닷가나 수영장 그리고 식탁 위의 물그릇 등에서 볼 수 있어요. 우리가 가장 자주 볼 수 있는 파동이 물결파이지요. 하지만 물결파는 우리에게 매우 무서운 존재가 되기도 해요. 지난 2004년 동남아시아를 휩쓸었던 쓰나미가 바로 물결파랍니다. 쓰나미는 지진으로 일어난 해일이지요.

소리가 약해져요

친구가 오늘따라 기분이 좋은지 바로 옆에서 큰 소리로 말해요. 이럴 때면 시끄러워서 친구가 눈치채지 못하게 슬그머니 떨어져서 얘기를 나누게 되지요. 시끄러운 친구가 다른 친구와 이야기하는 틈을 타서 교실 밖으로 나왔어요. 이제야 좀 조용해졌군요.

아무리 큰 소리라도 이렇게 멀리 떨어져 있으면 소리가 약해져요. 그 이유는 무엇일까요?

앞에서 말한 평면파와 구면파 이야기를 잠깐 해야겠어요.

평면파는 에너지의 세기를 균일하게 유지하며 앞으로 나아가요. 그런데 구면을 이루는 파는 파원으로부터 멀어질수록 원래 가지고 있던 소리 에너지를 더 넓은 면적에 분산하며 퍼져 나가지요. 이 현상은 태양 고도가 높은 한낮에는 에너지가 집중적으로 지면에 닿아서 따뜻하고, 태양 고도가 낮은 아침이나 늦은 오후에는 에너지가 넓은 면에 분산하며 흩어져서 낮보다는 서늘해지는 것과 같은 원리예요.

친구 목소리는 친구의 자리에서 시작해서 사방으로 퍼져 나가며 구면파를 만들어요. 그래서 내가 친구에게서 두 배의 거리만큼 멀어지면 소리 에너지는 네 배의 면적에 흩어져 도달하게 되지요. 그렇게 되면 이전 소리 에너지의 4분의 1만큼만 느끼게 된답니다.

■ 평면파와 구면파의 소리 크기 변화

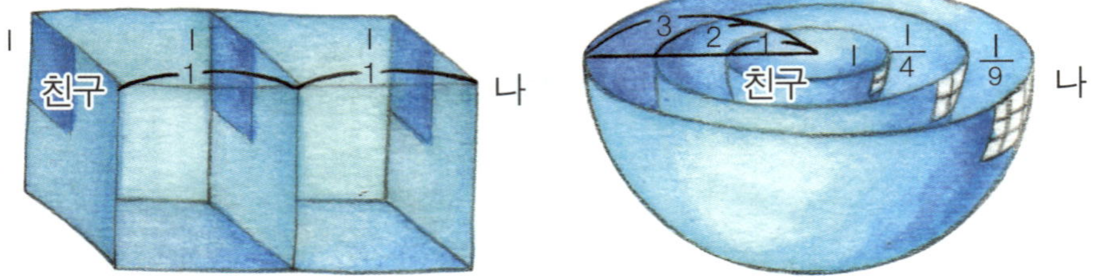

평면파 구면파

I : 처음 발생한 소리의 크기

다시 정리하면, 소리는 발생하는 지점에서 거리가 R배 멀어질 때, 에너지의 크기는 R^2분의 1배로 줄어든다고 할 수 있어요. 그래서 친구에게서 멀리 떨어지면 친구의 소리가 작게 들리게 된답니다.

만약 소리가 구면파가 아닌 평면파를 이루며 진행한다면, 소리 에너지는 한쪽 방향으로만 전달되어서 소리가 발생하는 곳의 1m 앞에 있으나, 1㎞ 앞에 있으나 별 차이 없이 같은 크기로 들릴 거예요.

TIP 요건 몰랐지?

일편단심 진동수

여러분은 제자리에서 줄넘기를 몇 번이나 할 수 있나요? 훌라후프는 얼마나 오래 돌릴 수 있어요? 우리는 오랜 시간 동안 줄넘기를 하거나 훌라후프를 돌릴 수는 없어요. 금세 지치고 말지요.

그러면 파동도 우리처럼 앞으로 나아가다가 지쳐서 진동을 멈출까요? 만약 그렇다면 파동의 한 종류인 빛은 태양에서 출발하여 지구에 도착하기도 전에 멈춰 버릴 거예요. 소리도 멀리 나아가지 못할 테고요.

다행히 파동은 진행하는 동안 진동수가 변하지 않는답니다. 진동수가 변하지 않으니 주기도 변하지 않지요. 진동수와 주기는 파동이 시작되는 점, 바로 파원에 의해서 결정되고, 진행하는 동안에는 다른 영향을 받지 않아요.

하지만 파동이 진행하다가 다른 물질을 만나게 되면 속력이 달라진답니다. 그러면 마루와 마루 사이 또는 골과 골 사이의 거리인 파장이 변하지요. 여러분이 잔디밭을 달리다가 미끄러운 빙판 위를 달려갈 때 속도가 달라지는 것과 같은 원리예요.

Q&A 꼭 알고 넘어가자!

문제 1 우리 주변에서 흔히 볼 수 있는 물결도 파동의 한 형태예요. 파동은 정확하게 무슨 뜻인가요?

문제 2 파동은 에너지가 진행하는 방향과 매질이 진동하는 방향에 따라 어떻게 나눌 수 있나요?

3. 지진파는 땅속의 한 부분에서 시작된 진동이 땅을 통해 전달되는 파동이에요. 지진파에는 가장 먼저 도달하여 '제1의 파동'이란 뜻이 있는 P파와 나중에 도달하여 '제2의 파동'이란 뜻이 있는 S파가 있어요. S파는 진동 방향이 파의 진행 방향과 수직이라는 특징이 있어요. 전자기파는 전기와 자기의 성질을 지닌 파가 진행 방향에 수직으로 진동하는 파동이랍니다. 전자기파는 매우 다양하게 사용돼요. 라디오 전파, 질병을 진단하는 엑스선, 암을 치료할 때 사용하는 감마선이 모두 전자기파이지요. 물결파는 바닷가나 수영장 그리고 식탁 위의 물그릇 등에서 볼 수 있어요. 물결파는 물이 매질이 되어 사방으로 수면의 요동이 전파되지요.

문제 3 우리 주변에 어떤 파동이 있는지 말하고, 각각의 특징을 설명해 보세요.

정답

1. 파동은 공간이나 물질의 한 부분에서 만들어진 진동이 일정한 시간 간격으로 운동을 반복하면서 주위로 멀리 퍼져 나가는 것을 말해요. 파동은 어느 곳엔가 도달하여 다른 물체를 밀어내거나 움직이게 하지요.

2. 파동은 에너지가 진행하는 방향과 매질이 진동하는 방향에 따라 횡파와 종파로 나눌 수 있어요. 횡파는 에너지의 진행 방향과 매질의 진동 방향이 수직인 파동을 말하고, 고저파라고도 한답니다. 빛과 전자기파, 지진파의 S파, 물결파 등이 있지요. 종파는 에너지의 진행 방향과 매질의 진동 방향이 나란한 파동으로 소밀파라고도 합니다. 음파, 초음파, 지진파의 P파 등이 있어요.

관련 교과

중학교 2학년 5. 빛과 파동

4. 소리의 구성

음악 시간에 보는 악보에는 소리의 높이를 나타내는 음계와 강약 표시가 있어요. 그리고 소프라노, 알토와 같이 파트가 나누어져 있어서 음색이 다른 악기를 이용해 연주하기도 하지요. 이렇게 소리는 높낮이, 강약, 음색 세 가지로 구성되어 있답니다. 그렇다면 이 세 가지가 어떻게 소리를 결정하는지 알아볼까요?

높은 소리와 낮은 소리

조율

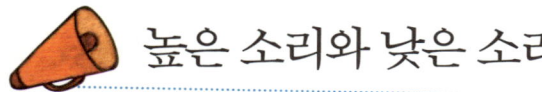

악기의 음을 표준음에 맞추어 고르는 일을 말해요. 조율 방법은 악기에 따라 다르지만 어떤 음을 기준으로 하고 조율하며, 기준음을 정하는 데는 소리굽쇠 등을 사용하지요. 오케스트라와 맞출 때는 오보에, 클라리넷의 A음을 기준으로 해요.

음악회에 가 보았나요? 음악회에 가면 연주가 시작되기 전에 오보에가 하나의 소리만을 계속 내고 있어요. 그러면 다른 악기들도 똑같이 따라 하지요. 이것을 '조율'이라고 한답니다.

피아노나 바이올린도 오래 쓰다 보면 줄이 늘어나서 점검을 해 줄 필요가 있지요. 조율이라고 하는 작업은 음악가에게는 매우 중요한 문제예요. 소리에 작은 차이라도 생기면 소리가 어울리지 않거나 진한 감동을 줄 수 없기 때문이지요.

그러면 소리의 높낮이는 어떻게 결정될까요?

실로폰을 두들겨 보세요. 어디에서 높은 소리가 나나요? 바이올린의 굵은 줄과 가는 줄 중 무엇이 높은음을 내나요? 고무줄을 당겨 점점 팽팽하게 하면서 줄을 퉁겨 보세요. 어떨 때 높은 소리가 나나요?

두들겨서 소리를 내는 실로폰은 오른쪽으로 갈수록 판의 크기가 작고 가벼워져요. 판의 크기가 작을수록 높은 소리가 납니다.

불어서 공기의 기둥을 만들어 소리를 내는 리코더는 구멍을 한 개 막을 때, 즉 공기 기둥이 짧고 가벼울 때 높은 소리가 나지요.

기타와 하프는 줄의 길이가 가늘고 짧을수록, 가볍고 팽팽할수록 줄이 빠르게 운동하며 높은 소리가 납니다.

악기는 이처럼 진동하는 부분을 조절해 높낮이를 변화시킵니다. 리코더 같은 관악기는 진동하는 공기 기둥이 짧을수록, 기타 같은 현악기는 줄이 가늘고 짧을수록 진동수가 커져 높은 소리가 납니다.

그렇다면 그림처럼 네 개의 유리병에 물의 양을 각각 다르게 넣고, 두들기고 불어 볼 때는 어느 것이 높은 소리를 낼까요?

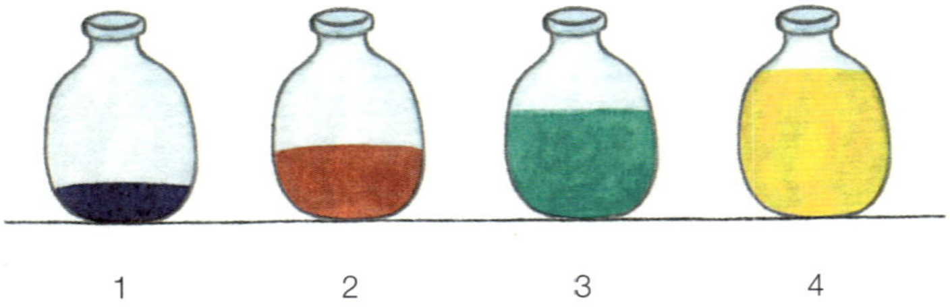

두들겨서 소리를 낼 때는 1번에서 가장 높은 소리가, 불어서 소리를 내는 경우에는 4번에서 가장 높은 소리가 나요. 두들겨서 소리를 낼 때는 유리병과 그 속의 물이 진동을 해 소리를 내지만, 불어서 소리를 내는 경우에는 병 속에서 물을 제외한 나머지 부분의 공기가 진동해 소리를 내기 때문이에요. 따라서 두들겨서 소리를 낼 때에는 물의 양이 적어 진동을 빠르게 하

■ **높낮이에 따른 소리의 파동**

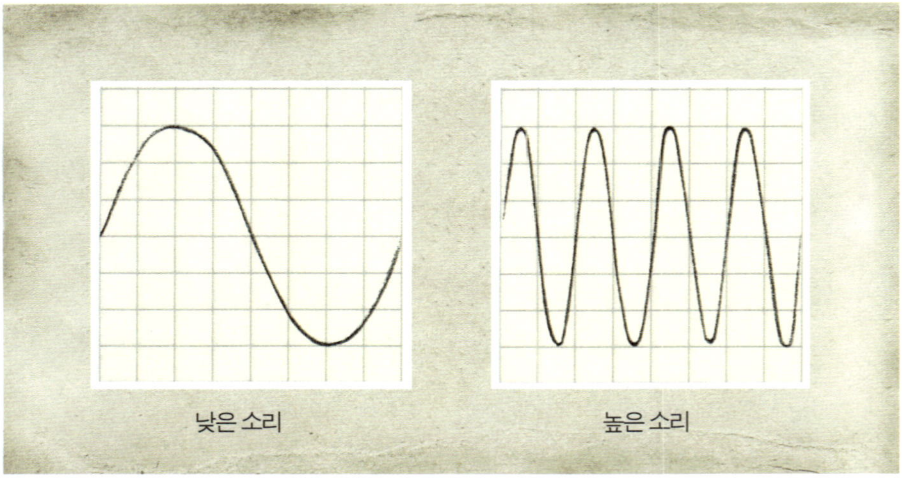

는 1번이, 불어서 소리를 낼 때에는 공기의 양이 적어 빠르게 진동할 수 있는 4번이 높은 소리를 낸답니다.

여자가 남자보다 가늘고 높은 소리를 내는 이유도 바로 이와 같아요. 사춘기 때 변성기를 겪으면 남학생의 성대는 크고 굵어져서 진동을 느리게 해 여학생에 비해 낮고 굵은 소리가 나게 된답니다. 실제로 성인 남자가 말할 때는 보통 1초에 100~120회, 성인 여자는 180~200회 진동한다고 해요.

헬륨 가스를 마실 때 목소리가 변하는 이유도 이 때문이지요. 헬륨 가스는 보통의 공기보다 훨씬 가벼워요. 그래서 헬륨 가스를 마시면 공기보다 훨씬 빠르게 성대를 진동시켜 목소리가 높고 가늘게 변한답니다.

헬륨(He)

헬륨은 공기 가운데 아주 적은 양이 들어 있는 기체예요. 색깔과 냄새가 없으며 수소 다음으로 가벼워요. 풍선에 들어가는 기체나 냉매 등으로 쓰이지요.

TIP 요건 몰랐지?

한 옥타브 높은 음은 진동수가 두 배예요

낮은 '도'와 높은 '도'는 어떤 관계가 있을까요? 높은 '도'를 다른 이름으로 부르지 않고 똑같이 '도'라고 부르는 이유는 무엇일까요? 그 이유는 바로 진동수와 관계가 있답니다. 높은 '도'는 낮은 '도'가 만드는 진동수의 두 배로 진동해요. '라' 음의 진동수는 440Hz예요. 이보다 한 옥타브 높은 '라' 음의 진동수는 880Hz이고, 한 옥타브 낮은 '라' 음의 진동수는 220Hz가 된다는 뜻이지요.

화음은 높이가 다른 둘 이상의 음이 모여 내는 소리를 말해요. 이 소리가 사람이 듣기에 좋으면 협화음, 어울리지 않아 불안한 느낌을 주면 불협화음이라고 하지요.

합창은 높이가 다른 음이 모여 아름다운 협화음을 낸다.
ⓒ Hatsuki Maruyama(The Other View@flickr.com)

큰 소리와 작은 소리

텔레비전 소리가 잘 들리지 않아요. 소리 크기를 좀 높여 주세요.

우리는 소리가 너무 작아서 답답함을 느낄 때도 있고, 소리가 너무 커서 괴로울 때도 있어요. 그런데 큰 소리와 작은 소리는 어떻게 알 수 있을까요?

책상이나 북 위에 작은 좁쌀을 놓고 세게도 두들겨 보고 약하게도 두들겨 보세요. 소리의 세기에 따라 다르게 움직이는 좁쌀을 볼 수 있을 거예요. 또는 스피커 앞에 작은 촛불을 두고, 소리 크기를 점점 높여 보세요. 소리가 커질수록 촛불도 점점 크게 흔들릴 거예요.

소리의
세기에 따라 촛불과
좁쌀의 움직임이
달라지네.

■ 세기에 따른 소리의 파동

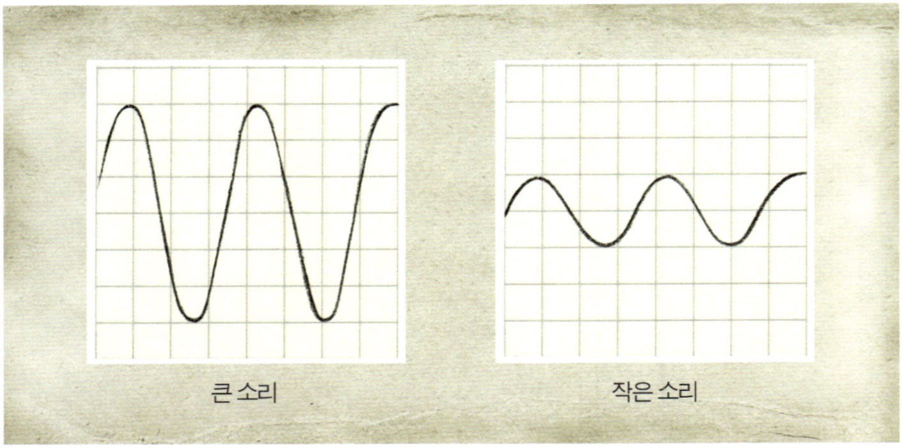

이와 같이 큰 소리는 진동의 크기를 크게 만든답니다. 큰 소리는 큰 진폭을 가진다고 할 수 있어요. 그래서 우리는 음악 시간에 책상을 두들겨서 어렵지 않게 소리의 강약을 연출할 수 있지요.

소리 세기의 단위

소리의 높이는 진동수와 관계있으며 헤르츠(㎐)를 단위로 사용하지만 소리의 세기는 진폭과 관련이 있고 데시벨(㏈)이라는 단위를 사용해요. 데시벨은 전화기를 발명한 벨의 이름에서 온 말이랍니다. 귀가 밝은 사람이 겨우 느낄 수 있는 세기를 0㏈이라 하고, 이보다 소리의 세기가 열 배 커지면 10㏈, 백 배 커지면 20㏈이라고 해요.

보통 우리가 나누는 대화는 50~60㏈, 시내 번화가의 교통 소음은 70~80㏈, 비행기가 이륙하고 착륙할 때 내는 소리는 150㏈ 정도예요. 120~140㏈의 소리는 사람에게 고통을 주며 80㏈ 이상의 소음을 오랫동안 계속 들으면 청각에 이상이 생길 수도 있답니다.

우리는 다른 악기

같은 악보를 보고 연주하더라도 악기의 종류가 달라지면 느낌이 달라져요. 그 이유는 무엇일까요? 악기는 저마다 다른 종류의 독특한 소리를 가지고 있기 때문이지요. 다시 말해 음색이 서로 다르다는 뜻이에요. 똑같은 높낮이와 똑같은 강약이 표시되어 있는 악보일지라도 악기 자체에서 나오는 소리가 처음부터 다르기 때문에 느낌이 달라진답니다. 악기가 소리를 만드는 진동을 일으킬 때 저마다 다른 방식의 파형을 만들기 때문이지요.

사람의 목소리를 들으면 누구의 목소리인지 바로 알 수 있는 이유도 각자의 목소리 파형이 다르기 때문이에요.

■ 음색이 다른 두 소리의 파동

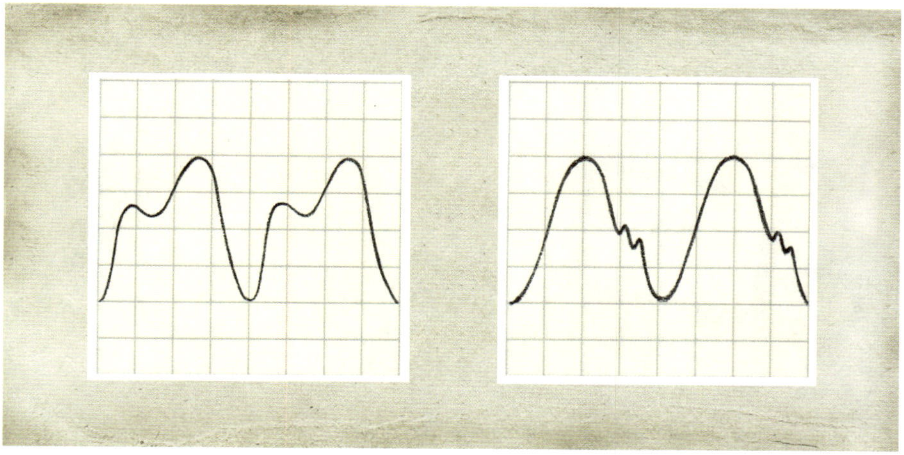

음성 인식

최근에는 휴대전화나 내비게이션을 사용할 때 문자나 숫자를 입력하지 않고 목소리로 번호를 검색하거나 전화를 걸 수 있게 되었어요. 이렇게 사람의 목소리를 컴퓨터로 읽어 소리의 특징을 분석하는 기술을 음성 인식이라고 합니다. 말을 할 때 소리의 주파수를 분석하여 음넓이와 특징을 뽑아서 분리하는 방법이 가장 널리 사용되고 있답니다. 하지만 말하는 사람이 많거나 말수가 많으면 정확하게 분석되지 않을 수도 있어요.

음성 인식에는 언어 인식 이외에 말하는 사람을 인식하는 화자 인식도 있어요. 또 음성 인식과 반대로 소리의 진동수와 진폭 파형을 이용하여 소리를 합성할 수도 있답니다.

오케스트라

세상에는 아름다운 소리가 많이 있어요. 그중에서도 오케스트라가 연주하는 음악은 여러 사람의 마음을 동시에 감동시키는 소리이지요.

그럼 오케스트라가 만드는 소리에 대해 알아볼까요? 오케스트라에서 사용하는 악기는 세 종류로 현악기, 관악기, 타악기가 있어요.

현악기는 줄을 진동시켜서 소리를 내는 악기예요. 바이올린, 비올라, 첼로 같은 악기가 현악기에 해당하지요. 현악기는 연주 방법이 세 가지로 나뉘어요. 손가락·손톱·피크 등으로 퉁겨서 소리 내는 방법, 활로 마찰시켜서 소리 내는 방법, 채로 쳐서 소리 내는 방법이에요. 현악기 가운데 바이올린은 오케스트라에서 가장 많은 수를 차지하며 중심 역할을 한답니다.

현악기.

관악기.

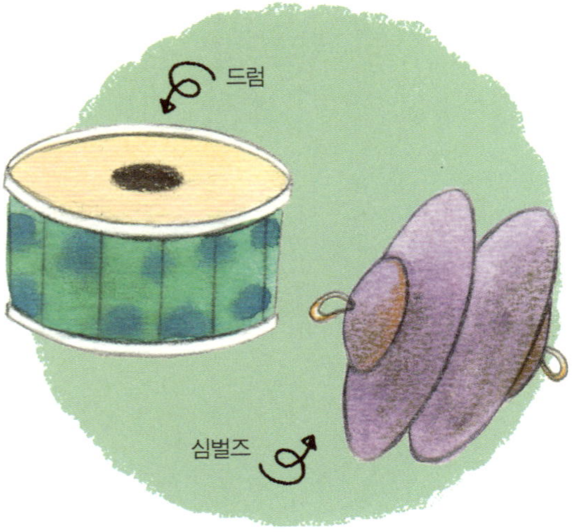

타악기.

관악기는 입으로 불어서 악기 속의 공기 기둥을 진동시켜서 소리를 내는 악기예요. 플루트, 오보에, 트럼펫, 호른 등이 여기에 속하지요. 관악기는 휘파람, 풀피리 등 우리 일상생활에서 발전했어요.

타악기는 두드려서 소리를 내는 악기를 이르는 말이에요. 도구로 몸체를 때리거나 흔들거나 문지르거나 긁거나 하여 물체를 진동시키는 방법으로 소리를 내지요. 타악기는 팀파니와 실로폰같이 분명한 음높이를 낼 수 있는 악기와 북이나 심벌즈처럼 음높이가 분명하지 않은 악기로 나눈답니다.

절대음감

어떤 소리를 듣고 그 소리의 음높이를 바로 알아낼 수 있는 능력이 있는 사람에게 절대음감을 지녔다고 해요. 이러한 능력이 있는 사람은 매우 드물지요. 음악의 아버지라 불리는 바흐, 중국계 첼리스트 요요마, 그리고 미국의 재즈 음악가 마일스 데이비스는 절대음감을 지녔다고 알려진 유명한 음악가랍니다.

그렇다고 해서 절대음감이 있어야만 좋은 음악가가 되는 것은 아니에요. 슈만이나 바그너 같은 음악가들은 절대음감이 없었지만 훌륭한 음악가로서 널리 칭송받고 있답니다.

요한 크리스티안 바흐.

요요마.

마일스 듀이 데이비스.

절대음감이
있다고 모두 훌륭한
음악가가 되지는 않아.

소리 에너지

소리 에너지는 무엇과 관계가 있을까요?

오래전 성악가가 노래를 불러 목소리만으로 접시를 깨뜨린다는 내용의 텔레비전 광고가 있었어요. 이 광고의 내용을 생각해 낸 사람은 소리가 접시를 깨뜨릴 수 있다는 사실을 알고 있었나 봐요. 그런데 광고 속 성악가는 노래를 어떻게 불렀기에 접시를 깨뜨릴 수 있었을까요?

성악가는 처음에는 낮고 작은 소리로 노래를 불렀어요. 하지만 접시는 깨지지 않았지요. 그리고 점점 더 높은 소리로 크게 노래를 부르기 시작했어요. 그러다 소리가 가장 높고 커졌을 때, 접시가 깨졌답니다. 이 광고는 소리 에너지에 대한 내용을 정확히 표현하고 있어요.

파동 에너지는 진동수와 진폭이 클수록 커져요. 소리도 파동의 일종이지요? 파동 에너지의 한 종류인 소리 에너지를 소리의 특성에 맞게 표현하면 높은음일수록, 그리고 큰 소리일수록 많은 에너지를 갖게 된다는 뜻이에요.

진동수

물체가 일정한 왕복 운동을 계속할 때 시간당 반복 운동이 일어난 횟수를 말해요. 파동은 1초 동안의 진동수로 빠르기를 표현해요. 진동수의 단위에는 독일의 물리학자 이름에서 온 말인 헤르츠(Hz)를 쓴답니다.

진폭

진동의 중심으로부터 최대로 움직인 거리를 말해요. 소리의 진폭은 소리의 세기를 나타내며 단위는 데시벨(dB)을 사용해요.

소리로 접시가 깨지는 현상은 공명 현상이라고 볼 수 있어요. 공명 현상은 외부의 힘과 물체가 지닌 고유의 진동수가 같아지면, 진폭이 크게 증가하는 현상을 말해요. 진폭이 커진다는 것은 파동 에너지 역시 커진다는 뜻이지요. 성악가의 목소리와 접시가 지닌 고유의 진동수가 같아져서 진폭이 커지면서 접시가 깨진 것이랍니다. 공명 현상에 대해서는 뒤에서 더 자세하게 알아보도록 해요.

아 아 아~!
소리가 높고 클수록 소리 에너지는 많아져.
으악! 너무 시끄러워.

Q&A 꼭 알고 넘어가자!

문제 1 성인 여자의 목소리가 성인 남자의 목소리에 비해서 가늘고 높게 나는 이유는 무엇일까요?

문제 2 노래 한 곡에도 소리가 큰 부분이 있고, 작은 부분이 있어요. 이러한 소리의 크기는 파동의 진폭과 어떤 관련이 있을까요?

3. 사람은 저마다 독특한 소리를 가지고 있어요. 음색이 서로 다르다는 뜻이에요. 음색이 다른 이유는 사람이 목소리를 내어 진동을 일으킬 때 각기 다른 방식의 파형을 만들기 때문입니다. 각자의 목소리 파형이 달라 개성 있는 소리가 나서 목소리만 듣고도 누구인지 알 수 있지요.

문제 3 우리가 전화 목소리만 듣고도 상대방이 누구인지 알 수 있는 이유는 무엇인가요?

정답

1. 사춘기 때 변성기를 겪으면 남학생의 성대는 크고 굵어져서 진동을 느리게 하게 돼요. 소리는 진동이 느릴수록 낮고 굵게 나고, 빠를수록 높게 난답니다. 그래서 남성이 여성에 비해 낮고 굵은 소리가 나지요. 실제로 성인 남자는 보통 1초에 100~120회, 성인 여자는 180~200회 진동이 일어난답니다.

2. 큰 소리는 진폭, 즉 진동의 크기를 크게 만듭니다. 큰 소리는 큰 진폭을 가진다고 할 수 있지요. 진폭이 클수록 큰 소리가 나고 진폭이 작을수록 작은 소리가 납니다.

관련 교과

초등 3학년 2학기 4. 빛과 그림자
초등 6학년 1학기 1. 빛
중학교 2학년 5. 빛과 파동

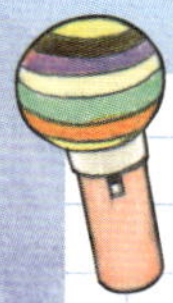

5. 소리의 활용

지금까지 우리는 어떻게 소리가 생기고, 소리의 세기와 높이는 왜 달라지는지, 그리고 파동은 무엇인지 알아보았어요. 그러면 소리는 무엇을 하나요? 우리에게 특정한 음을 들려주고, 주변을 약간 흔들어 놓기만 할까요? 아니면 그밖에도 다른 특별한 일을 할까요?

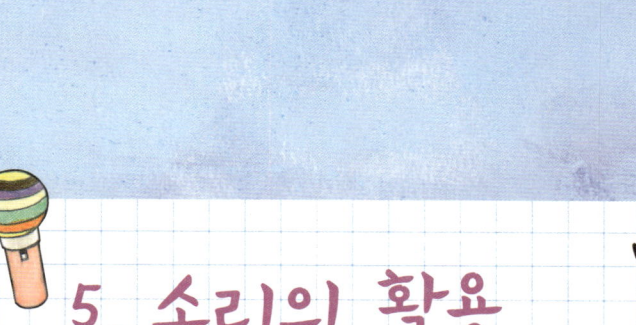

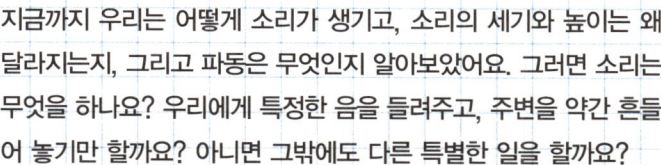

소리의 성질

소리를 포함한 파동은 네 가지 성질이 있어요. 첫째, 파동은 반사를 합니다. 파동은 진동하면서 튕겨서 돌아오기도 하지요. 둘째, 파동은 굴절을 해요. 진동을 하면서 꺾여 나가지요. 셋째, 파동은 회절을 합니다. 진동을 하면서 뒤로 휘어지지요. 넷째, 파동은 간섭을 해요. 진동하면서 새로운 파동을 만든답니다. 그러면 이제부터 소리가 일으키는 현상을 찾아 떠나 볼까요?

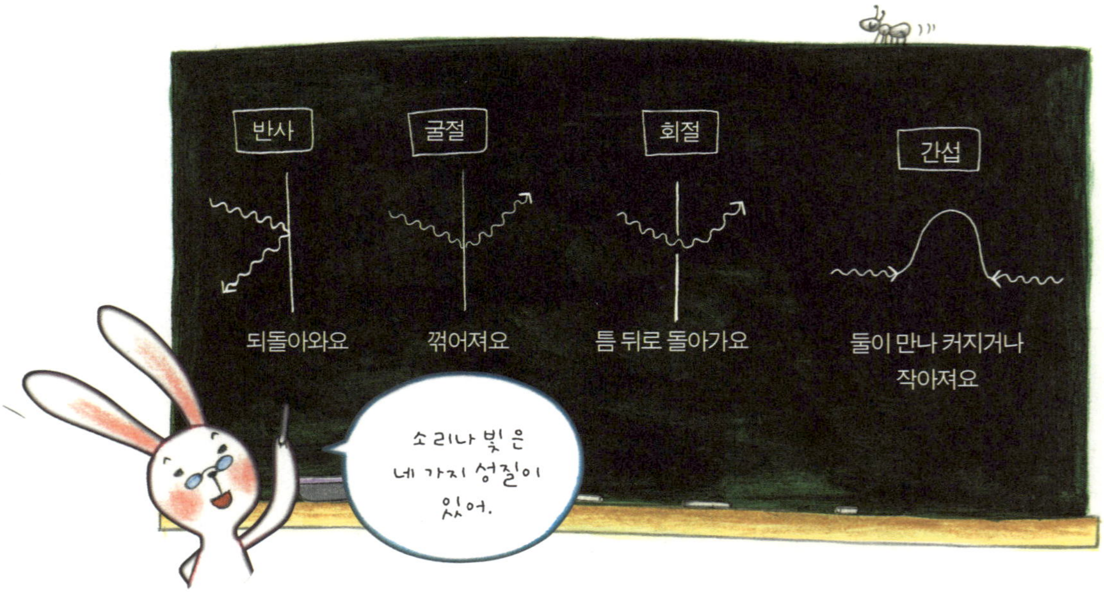

소리의 반사

파동은 반사하는 성질이 있어요. 그렇다고 해서 파동이 무작위로 아무렇게나 반사하는 것은 아니에요. 일정한 법칙을 따르고 있답니다. 이 법칙을 반사의 법칙이라고 하는데, 소리뿐만 아니라 빛과 물결파, 지진파 등 모든 파동이 이 법칙을 따르지요. 반사의 법칙이란 파동의 입사각과 반사각의 크기가 항상 같다는 것입니다.

■ **반사의 법칙**

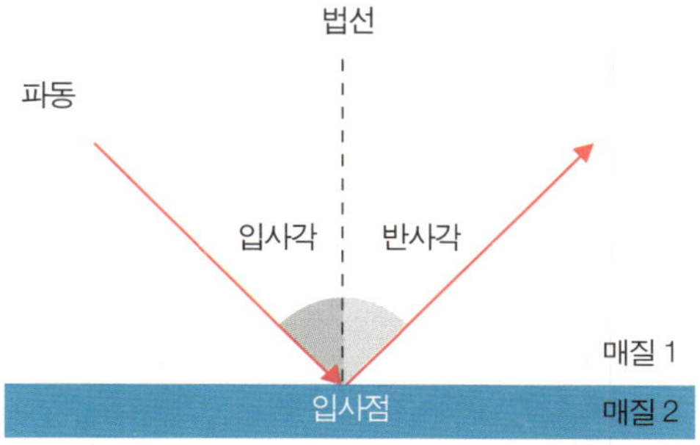

거울을 통해 우리 모습을 보거나 좌우 대칭인 위치에 있는 물체를 볼 수 있는 이유는 빛이 반사의 법칙을 따르기 때문이에요.

우리는 파동이 반사하는 성질을 생활에 다양하게 활용하고 있어요. 그 예를 함께 찾아볼까요?

수신하는 전파를 잘 모으기 위해 오목한 모양을 가진 위성 안테나.
ⓒ Florian Siebeck@the Wikimedia Commons

사람은 목적에 따라 여러 가지 거울을 사용하여 빛을 모으거나 퍼뜨려요. 오목한 면은 반사된 파동을 한 점에 모으고, 볼록한 면은 반사된 파동을 사방으로 퍼뜨리지요. 그래서 현미경에서 사용하는 반사경에는 평면거울과 오목거울은 있지만 볼록거울은 없답니다. 위성 안테나가 오목한 모양으로 생긴 이유도 수신하는 전파를 잘 모으기 위해서지요.

레이더는 전파를 먼저 쏘아 보내 되돌아오는 반사파를 이용하여 목표물의 위치를 추적하는 장치예요. 레이더도 반사의 성질을 이용한 도구입니다.

가끔은 반사 때문에 골치 아픈 일이 벌어지기도 해요. 바다에서 육지로 밀려온 파도가 방파제에서 반사된 후, 커다란 파도를 형성하여 큰 피해를 주기도 하지요. 이러한 피해를 줄이기 위해서 방파제를 이루고 있는 구조물은 Y 자 모양으로 되어 있어요. Y 자 모양의 구조물은 파도의 에너지를 흡수합니다. 만약 방파제가 반듯한 모양으로 되어 있다면, 파도가 반사되면서 더 많은 충격을 방파제에 주게 될 테니까요.

레이더는 반사파를 이용하여 목표물의 위치를 추적한다.
ⓒ Marek013@the Wikimedia Commons

소리도 반사의 법칙을 따른답니다. 산에서 들을 수 있는 메아리에도 반사의 법칙이 숨어 있지요. 반사의 법칙을 쉽게 느끼고 싶으면 두꺼운 종이로 원뿔을 만들어 입에 대고 이야기해 보세요. 소리가 어떻게 들리나요? 소리는 원뿔을 대지 않고 말했을 때보다 더 크게 멀리까지 전달되지요. 사방으로 흩어지는 소리를 원뿔 안에서 반사시켜 한 방향으로 보내기 때문이에요.

두 사람이 사이에 막을 두고 실험을 하고 있어요. 그림 1처럼 한 사람이 말하면 '나'의 위치에서 소리를 가장 잘 들을 수 있어요. 이때 소리의 경로를 추적하면, 빛처럼 소리도 입사각의 크기와 반사각의 크기가 같다는 사

■ **소리가 지닌 반사의 법칙**

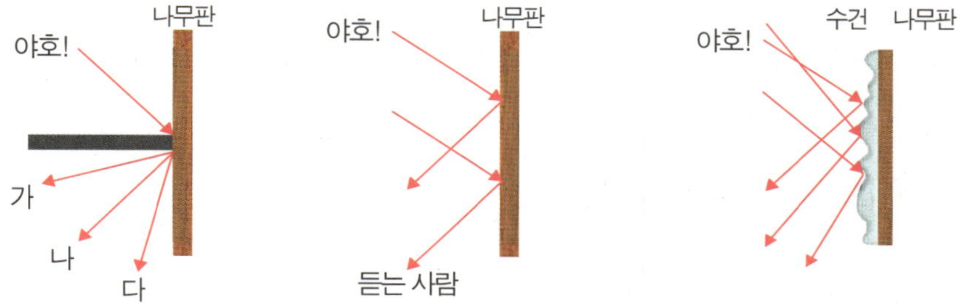

그림 1 그림 2 그림 3

실을 확인할 수 있지요.

그림 2와 그림 3을 비교하면 소리에도 정반사와 난반사가 있음을 알 수 있어요. 정반사는 매끄러운 표면에서 반사된 파가 일정한 방향으로 진행한다는 뜻이에요. 난반사는 울퉁불퉁한 표면에서 일어나는 반사를 말하지요. 난반사는 반사의 법칙을 따르기는 하지만 각 면에서 반사된 파가 한곳으로 모이지 못하고 사방으로 흩어져 버린답니다. 매끄러운 거울이 정반사해서 앞에 있는 대상을 정확하게 비추고, 대부분의 물체가 난반사하여 물체 주변에 있는 사람이 그 물체를 보듯이, 이 실험도 같은 결과를 보여 줍니다. 그림 2에서는 나무판이 정반사해서 입사각과 같은 각을 이루는 위치에서 소리가 크게 잘 들려요. 하지만 그림 3에서는 수건의 울퉁불퉁한 표면이 난반사하여 소리가 잘 들리지 않고 흡수되지요.

TIP 요건 몰랐지?

메아리는 왜 생길까요?

동굴 안에서는 왜 목소리가 울릴까요? 가구가 없는 텅 빈 방에서도 메아리를 들을 수 있어요. 메아리는 소리의 반사 때문에 생기는 현상이에요. 하지만 모든 장소에서 메아리가 생기지는 않아요. 파동이 어떤 면에 부딪치면 파동의 일부는 굴절하여 흡수되고, 일부는 반사되지요. 소리는 매끄럽고 규칙적인 표면이 있는 곳에서 잘 반사됩니다. 암벽이나 강철도 단단해서 소리를 잘 반사해요. 만약 콘크리트와 스펀지로 된 방이 있다면 콘크리트로 된 방에서 메아리 소리를 잘 들을 수가 있지요. 비슷한 예로, 산에 가면 메아리를 들을 수 있지만 눈이 오는 날에는 메아리를 들을 수 없답니다. 눈이 오면 눈 때문에 매끄러운 표면을 만들 수가 없고, 작은 눈 결정 사이로 소리가 흡수되기 때문이에요. 빈 방에서는 소리가 잘 울리지만 가구가 있는 방에서는 소리가 울리지 않는 이유도 마찬가지랍니다. 가구 사이로 반사된 소리 대부분이 흡수되어 사라집니다.

야!
조용…
잠잠-
소리는 매끄러운 벽이나 단단한 면, 규칙적인 표면에서 잘 반사돼.

소리의 굴절

육지의 A점에 있던 구조대원이 바다의 B점에서 허우적대는 사람을 발견했어요. 어떤 경로로 가야 물에 빠진 사람을 빨리 구할 수 있을까요?

같은 매질의 공간에서 단순히 두 지점 사이의 최단 거리를 묻는 문제라면 답은 당연히 2번 경로랍니다. 하지만 이 상황에는 육지와 바다라는 서로 다른 장소가 관련되어 있어요. 사람은 육지와 바다에서 낼 수 있는 속도가 같지 않기 때문에 이 점은 매우 중요해요.

바다에서 아무리 빠르게 헤엄칠 수 있다고 해도 육지에서 달려가는 속도보다 빠를 수는 없답니다. 이런 상황에서 구조대원은 육지에서 더 많은 시간을 투자해 충분한 거리를 확보한 뒤 바다로 뛰어드는 3번 경로를 선택해야 현명하다는 소리를 들을 수 있지요. 이것은 최단 경로를 선택하게 하는 '페르마의 원리'와도 관련이 있어요.

페르마는 빛의 경로에 대해 정의했어요. 빛이 한 점에서 출발해 반사와 굴절을 하면서 다른 점에 도달할 때는 시간이 가장 적게 걸리는 경로를 이용한다는 원리를 발견한 거예요.

위의 문제를 잘 살펴보면, 우리는 빛과 물결파 그리고 소리에서 발생하는 파동의 굴절 현상을 쉽게 이해할 수 있습니다.

피에르 드 페르마
Pierre de Fermat, 1601~1665

프랑스의 변호사이자 수학자예요. 17세기 최고의 수학자로 손꼽히는 인물이지요. 근대의 정수 이론 및 확률론의 창시자로 알려져 있고, 좌표 기하학을 확립하는 데에도 크게 기여했으며 '페르마의 정리'로 유명합니다.

아스팔트 위를 달리던 자동차가 잔디를 향해 수직으로 움직이면 자동차는 그대로 직진할 수 있어요. 그런데 그림과 같이 자동차가 비스듬히 각을 이루면서 들어가면 먼저 잔디에 들어간 바퀴 A와 아직 아스팔트 위에 놓인 바퀴 B 사이에는 빠르기 차이가 생기지요. 결국 아스팔트에서 빠르게 회전할 수 있는 바퀴 B는 바퀴 A보다 더 많이 회전해 자동차는 그림과 같이 꺾여 들어갑니다.

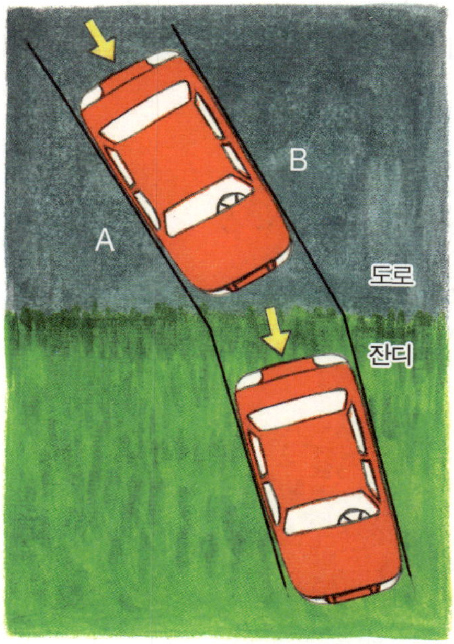

굴절의 법칙은 파동이 서로 다른 두 가지 이상의 매질을 지날 때 경계가 되는 면에서 직진하지 못하고 속력을 더 느리게 하는 매질 쪽으로 휘어진다는 사실을 설명해요.

소리 역시 파동이기 때문에 굴절의 법칙을 따릅니다.

TIP 요건 몰랐지?

낮말은 새가 듣고 밤말은 쥐가 듣는다

여러분은 소리에 관한 속담을 알고 있나요? 우리 속담 중에는 "낮말은 새가 듣고 밤말은 쥐가 듣는다."라는 말이 있어요. 이 속담은 소리의 굴절과 관련된 중요한 내용을 담고 있습니다.

굴절이 일어나는 이유는 파동이 서로 다른 물질을 통과할 때, 물질의 경계 면에서 파동의 속력이 달라지기 때문이에요. 그런데 파동의 속력을 달라지게 하는 원인에 물질의 종류만 있는 것은 아니에요. 같은 물질이라도 온도가 달라지면 파동의 속력이 달라질 수 있답니다.

온도의 영향을 받아 빛이 굴절해 만들어지는 신기루처럼 소리도 온도의 영향을 받아 굴절합니다. 소리는 온도가 높을수록 빨라져요. 그리고 굴절의 법칙에 따르면 파동은 속력이 느려지는 쪽으로 꺾이지요.

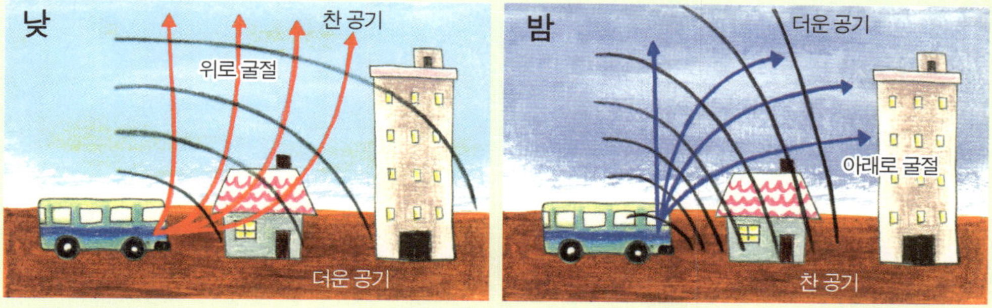
낮
찬 공기
위로 굴절
더운 공기
밤
더운 공기
아래로 굴절
찬 공기
음파의 진행 방향.

낮에는 지표면이 먼저 가열되어 아래쪽 기온이 위쪽 기온보다 높아요. 소리는 온도가 높은 쪽에서 더 빠르므로 낮에는 소리가 위로 휘어진답니다. 밤은 이와 반대로 설명할 수 있어요. 밤에는 지표면이 먼저 식어 위쪽 기온이 더 높아져요. 이때, 소리의 속력은 위쪽이 빠르고 지표면 쪽이 느려지지요. 그러면 소리는 지표면으로 굴절합니다.

이른 아침이나 저녁에 운동장에서 친구를 부르면 친구가 금세 듣고 대답하지만, 점심시간에는 아무리 불러도 친구가 대답하지 않는 이유가 바로 여기에 있답니다. 낮에는 높은 곳에서, 밤에는 낮은 곳에서 소리가 잘 들리기 때문이지요.

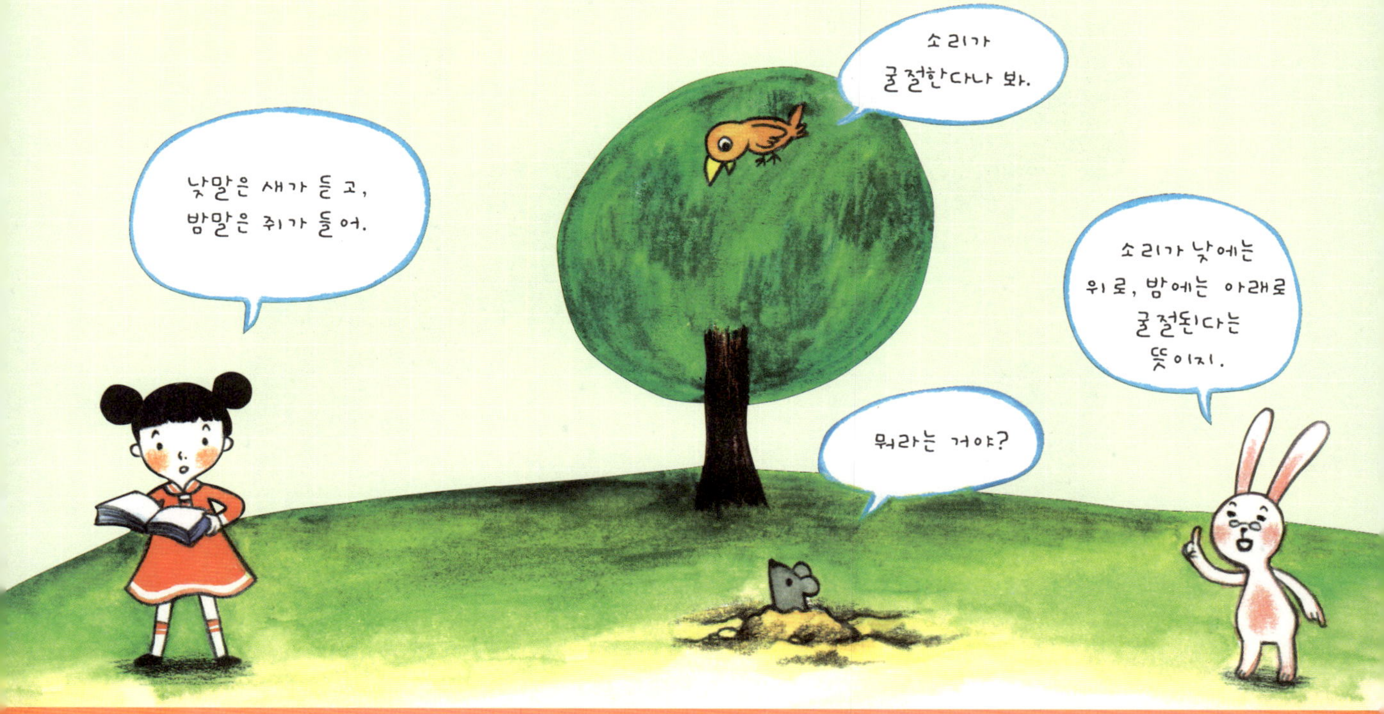
낮말은 새가 듣고,
밤말은 쥐가 들어.
소리가
굴절한다나 봐.
뭐라는 거야?
소리가 낮에는
위로, 밤에는 아래로
굴절된다는
뜻이지.

소리의 회절

문을 닫았는데도 친구의 목소리가 들려요. 친구의 모습은 보이지 않는데, 친구의 소리는 들리다니……. 우리는 보이지 않는 친구의 목소리를 어떻게 들을 수 있을까요?

문을 닫아도 소리가 들리는 이유는 회절이라는 현상 때문이에요. 파동은 장애물을 만나면 틈을 지나 장애물 뒤로 휘면서 진행하는 성질이 있는데, 이 성질을 회절이라고 한답니다.

모든 파동은 회절하는 성질이 있어요. 하지만 모든 파동에서 회절이 전부 일어나지는 않는답니다. 물결파를 가지고 실험해 본 결과, 파동의 파장이 길고 틈의 간격이 좁을수록 회절이 잘 일어난다는 사실을 알 수 있었어요.

문을 닫으면 친구의 모습은 보이지 않지만 목소리는 들을 수 있어요. 이것은 빛은 회절이 잘 일어나지 않지만 소리는 회절이 잘 일어난다는 뜻이지요. 실제로 빛은 파장이 매우 짧고 소리는 빛에 비해 파장이 길어서 소리가 더 회절이 잘 일어납니다.

만약 소리보다 빛에서 회절이 더 잘 일어난다면 어떻게 될까요? 누군가를 부르기 위해서는 항상 문을 열고 불러야겠지요? 그리고 그림자와 그늘도 없어질 거예요.

TIP 요건 몰랐지?

AM과 FM

AM 방송과 FM 방송은 전파를 이용한 라디오 방송이에요. 여러분이 듣는 음악 방송은 대부분 FM 방송일 거예요. 그런데 산속으로 야영을 가면 상황이 달라져요. 늘 듣던 FM 방송은 수신되지 않고, 생소한 AM 방송만 수신되지요. 왜 그럴까요? AM 방송에 이용되는 전파는 파장이 길기 때문에 회절이 잘 일어나고, FM 방송에 이용되는 전파는 산골짜기 뒤로 회절이 일어날 만큼 파장이 길지 않기 때문이랍니다.

산에서 라디오
방송을 듣다니, 분명
AM 방송이겠군!

소리의 간섭

둘 이상의 파동이 만나면 파동이 강해지거나 약해지는 현상이 나타나요. 이러한 파동의 성질을 간섭이라고 합니다. 파동의 간섭은 두 종류로 나눌 수 있어요. 첫 번째는 마루와 마루, 또는 골과 골이 만나서 파동의 진폭이 더 커지는 경우예요. 이때의 간섭을 보강 간섭이라고 하지요. 두 번째는 마루와 골이 만나서 진폭이 더 작아지는 간섭인데, 이것을 상쇄 간섭이라고 해요.

파동의 간섭하는 성질을 이용하면 소리를 더 크게 증폭하거나 줄일 수 있습니다.

■ **파동의 간섭 현상**

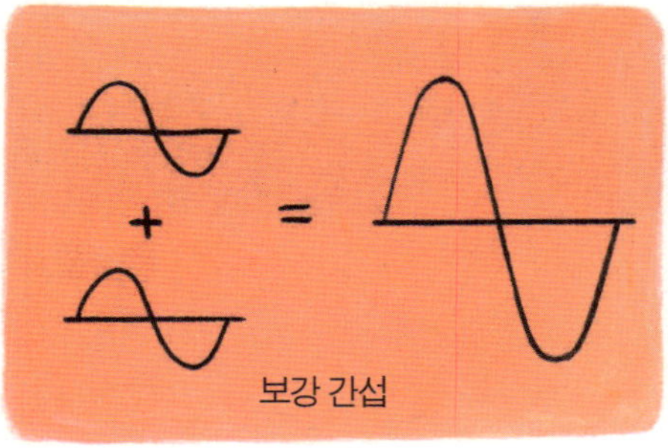

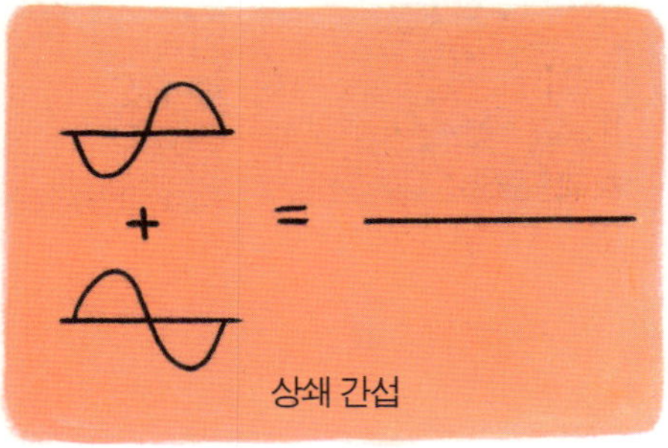

정상파와 악기

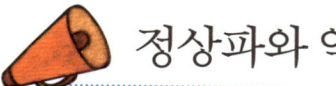

파동의 움직임을 보고 있으면 진행파와 정상파를 구별할 수 있어요. 물결이나 줄넘기 줄이 진동할 때는 파동이 이동하는 것을 볼 수 있지만, 아래 그림과 같은 파들은 이동하지 않고 제자리에 정지해서 진동만 하는 것 같지요. 이와 같은 파동을 '정상파'라고 부른답니다. 정상파는 우리 주위에서 쉽게 발견할 수 있어요. 기타 줄을 퉁기면 아래의 첫 번째 그림 같은 모습을 볼 수 있답니다. 현악기와 관악기도 정상파를 만들어서 소리를 내요. 정상파의 길이나 마디 수를 조절하여 음의 높이를 조절한답니다.

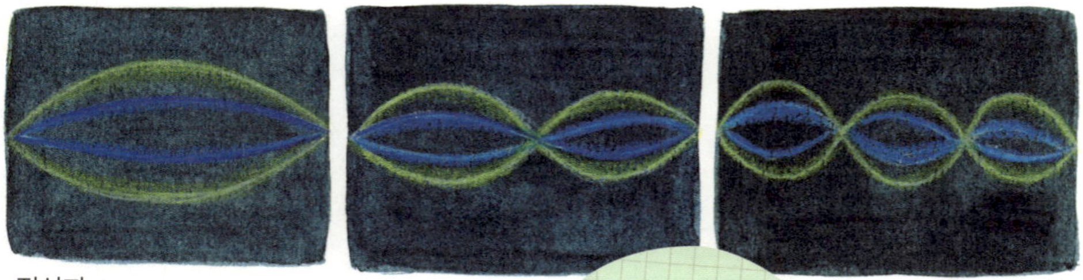

정상파.

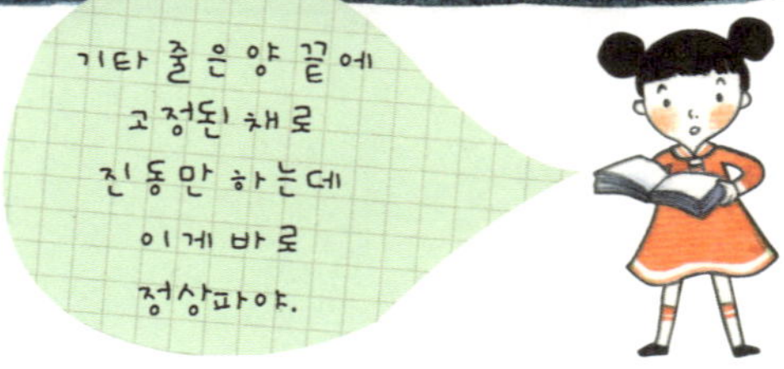
기타 줄은 양 끝에
고정된 채로
진동만 하는데
이게 바로
정상파야.

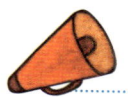

공명의 놀라운 위력

친구가 그네를 타고 있을 때 그네를 높이 밀어 올려 주려면 어떻게 해야 할까요? 친구의 앞에 서 있다가 반대로 밀어 주면 그네는 곧 멈추고 말지요. 이것은 상쇄 간섭이라 할 수 있어요. 하지만 뒤에서 기다리고 있다가 같은 방향으로 밀어 주면 그네는 더욱 높이 올라가요. 바로 보강 간섭을 이용한 것이지요. 친구를 이보다 더 높게 올려 주려면 그네를 밀어 주는 나도

■ **상쇄 간섭**

■ **보강 간섭**

현수교

현수교는 양쪽 언덕에 줄이나 쇠사슬을 건너지르고, 거기에 의지하여 매달아 놓은 다리를 말해요. 줄다리, 출렁다리라고도 하지요.

친구와 같은 방향으로 움직이다가 친구의 움직임에 따라서 그네를 밀어 주어야 해요. 바로 이때, 최대의 효과를 낼 수가 있지요. 이렇게 고유 진동수와 같은 진동수를 가진 외부의 힘이 합쳐져 진동 폭이 크게 증가하는 것을 '공명 현상'이라고 합니다.

공명 현상은 우리 주변에서 찾아볼 수 있습니다. 1831년 영국에서 한 보병 부대가 현수교를 건널 때, 군인들의 행진 박자가 우연히 다리의 고유 진동수와 일치하여 다리가 무너진 적이 있어요. 이후부터 군인들은 다리를 건널 때 발을 맞추지 않습니다.

1940년에는 미국 워싱턴 주에 있는 터코마 다리가 붕괴되는 일도 있었어요. 다리 주위에 바람이 불어 다리 중심부가 크게 진동하여 결국 무너지고 말았지요. 바람의 진동수와 다리의 진동수가 일치하여 공명을 일으켜 벌어진 일이랍니다.

음식 속 물 분자를 공명시켜 음식을 데우는 전자레인지.

음식을 데우는 전자레인지 역시 공명 현상을 이용한 도구예요. 전자레인지에서 방출하는 전자파가 음식 속의 물 분자를 진동시키면 물 분자들이 공명하여 크게 진동하면서 음식을 데우지요. 그래서 수분이 부족한 음식은 전자레인지로 조리하지 않습니다.

소리를 낼 때도 공명을 이용해요. 악기를 다룰 때 공명 현상을 일으키지 않으면 깨끗한 음을 낼 수 없어요.

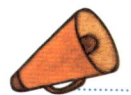

맥놀이와 에밀레종

진동수가 약간 차이 나는 두 음파가 만나면 서로 간섭을 일으켜 소리의 세기가 주기적으로 강해졌다 약해졌다 하는 현상이 나타나요. 이러한 현상을 맥놀이라고 해요. 1초 동안에 일어나는 맥놀이 횟수는 두 파동의 진동수 차이와 같습니다.

에밀레종이라 불리는 성덕대왕신종은 종을 친 후에도 1분 이상의 긴 여운을 준다고 해요. 낮고 깊이 있는 종소리가 오랫동안 이어질 수 있는 이유가 바로 이 맥놀이 현상 때문이지요.

맥놀이 현상으로 유명한 성덕대왕신종.

에밀레종이라고 부르는
이유는 맥놀이 소리가
'에밀레' 하고 우는 소리처럼
들리기 때문이야.

도플러 효과

오스트리아의 물리학자 요한 크리스티안 도플러.

고속도로에서 내가 타고 있는 차를 뒤따라오던 차가 빠른 속도로 앞질러 갈 때 앞으로 간 차는 어떻게 느껴지나요? 내게 다가온 후, 내 옆을 지나 멀어지는 것처럼 보이지요. 소리는 보이지 않는 에너지의 움직임이에요. 그래서 소리도 위와 같은 상황을 만들 수 있답니다.

달리는 차 안에서 사이렌을 울리며 다가오는 구급차를 본 적 있나요? 그때 사이렌의 소리를 주의 깊게 들어보면 다가올 때는 사이렌 소리가 원래 음보다 높고 멀어질 때는 원래 음보다 낮아지는 것을 알 수 있어요. 역에 서지 않고 그냥 지나치는 기차의 경적 소리에서도 같은 현상을 경험할 수 있습니다. 기차는 역에 도착하기 전까지 높은 소리를 내다가, 나를 스치고 지나 멀어질 때에는 낮은 소리를 내지요. 이런 현상을 도플러 효과라고 하는데, 물리학자 도플러의 이름에서 유래됐어요. 도플러 효과는 파동이 시작되는 점과 관측자 사이의 거리가 좁아질 때에는 파동의 주파수가 더 높게, 거리가 멀어질 때에는 파동의 주파수가 더 낮게 관찰되는 현상이에요.

오리가 헤엄치며 나아갈 때, 앞쪽 물결파와 뒤쪽 물결파의 간격은 다르다. ⓒ Wikimol@the Wikimedia Commons

사진처럼 오리가 물 위에서 헤엄치며 나아가면 오리 앞쪽에서는 물결파의 간격이 좁아지고, 뒤쪽에서는 물결파의 간격이 넓어져요. 도플러 현상을 이해하는 데 도움이 되는 좋은 예이지요. 소리를 내는 물체가 정지해 있지 않고 이동할 때에는 소리의 빠르기와 물체의 빠르기가 소리의 진동수를 결정하기 때문에 소리의 높이가 앞뒤로 다르게 느껴집니다.

소리와 빛은 친구예요

소리와 빛은 다르면서도 참 비슷해요. 소리는 귀로 느끼고, 빛은 눈으로 느끼지요. 하지만 소리와 빛은 둘 다 진동하며 에너지를 전달하는 파동이라는 점에서 닮은 부분이 많은 친한 친구랍니다. 소리와 빛 모두 반사와 굴절을 하고, 회절과 간섭을 하는 성질이 있지요. 소리와 빛, 이 두 친구의 비슷한 점과 차이점을 함께 비교해 볼까요?

■ 소리와 빛의 공통점과 차이점

	소리	빛
에너지	에너지를 전달해요.	
진동	진동을 해요.	
파동의 성질	반사, 굴절, 회절, 간섭하는 성질이 있어요.	
매질	필요해요.	필요하지 않아요.
파동의 종류	종파	횡파
빠르기	고체 〉 액체 〉 기체 〉 진공	진공 〉 기체 〉 액체 〉 고체
진공	통과하지 못해요.	통과해요.
파장과 회절	파장이 길어 회절이 잘되어요.	파장이 짧아 회절이 잘 안 되어요.
회절	회절이 잘되어 문틈으로 소리가 들려요.	회절이 잘 되지 않아 그림자가 생겨요.
반사	반사의 법칙을 따라 메아리가 생겨요.	거울의 반사로 우리 모습을 볼 수 있어요.
굴절	소리는 낮에 위로 굴절하고 밤에 지표면으로 굴절해요.	신기루는 더운 공기 때문에 일어나는 빛의 굴절 현상이에요.

위 표를 보면 소리와 빛은 공통점보다는 차이점이 많아 보여요. 하지만 빛과 소리 모두 파동이어서 기본적인 성질은 같지요. 에너지를 전달하고, 진동하며, 반사·굴절·회절·간섭하니까요. 둘의 공통점과 차이점을 잘 이해하면 각각의 특성을 더 정확하게 파악할 수 있을 거예요.

Q&A 꼭 알고 넘어가자!

문제 1 파동의 반사하는 성질을 활용하고 있는 예를 찾아보세요.

문제 2 문을 닫아도 문밖에서 나는 소리가 들리는 이유는 무엇 때문일까요?

뒤로 휘면서 진행하는 성질이 있는데, 이 성질을 회절이라고 합니다. 문이라는 장애물을 만난 소리는 회절해 우리 귀까지 휘어져 옵니다.

3. 소리와 빛은 둘 다 에너지를 전달하는 파동이에요. 그래서 반사와 굴절을 하고, 회절과 간섭을 하지요. 하지만 다른 점도 있답니다. 소리는 매질이 필요하지만 빛은 매질이 없어도 에너지를 전달할 수 있어요. 또 소리는 진공 상태를 통과하지 못하지만 빛은 통과할 수 있어요. 이렇게 다른 점이 있는 소리와 빛은 종류가 다른 파동입니다. 소리는 종파에 속하고, 빛은 횡파에 속하지요.

문제 3 빛과 소리의 공통점과 차이점을 들어 보세요.

정답

1. 파동이 반사하는 성질은 여러 가지 거울로 이용되어요. 우리는 목적에 따라 여러 가지 거울을 사용해 빛을 모으거나 퍼뜨리지요. 오목한 면은 반사된 파동을 한 점에 모으지만, 볼록한 면은 반사된 파동을 사방으로 퍼뜨린답니다. 그래서 현미경에 사용하는 반사경에는 평면거울과 오목거울을 활용하지요. 또한 파동의 반사하는 성질은 레이더에도 이용되어요. 레이더는 전파를 먼저 쏘아 보내 되돌아오는 반사파를 이용해 목표물의 위치를 추적한답니다.

2. 문을 닫아도 문밖 소리가 들리는 이유는 회절 현상 때문이에요. 파동은 장애물을 만나면 틈을 지나 장애물

관련 교과

초등 6학년 2학기 3. 쾌적한 환경
중학교 2학년 5. 빛과 파동

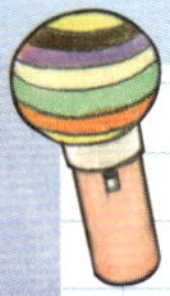

6. 소리 나는 세상

우리는 세상에 태어나면서 첫울음 소리를 시작으로 수많은 소리 속에서 살아가지요. 아름다운 노랫소리, 재미있는 텔레비전 만화 영화 소리, 친구와 수다 등 소리가 없는 세상은 상상조차 할 수 없어요. 하지만 너무 큰 소리는 우리의 몸과 마음을 피곤하게 합니다. 시끄러운 소리로 넘치는 세상에서 우리는 어떻게 살아야 할까요?

소리가 싫어요

시끄럽고 불편한 소리는 우리를 괴롭게 해요. 그리고 어떤 사람에게는 좋은 소리가 다른 사람에게는 불쾌하게 느껴질 수도 있지요. 큰 소리는 많은 사람을 불편하게 해요. 하지만 작은 소리 역시 신경이 곤두서 있는 수험생들에게는 시끄럽고 짜증 나는 소리이지요. 이렇게 시끄럽고 불쾌하게 하는 소리를 '소음'이라고 해요. 소음은 자신의 상태나 주위의 환경에 따라 달라질 수 있어요.

소음은 사람의 몸에 병을 일으키기도 합니다. 실제로 공항 주변에 사는 사람들은 비행기가 이륙하고 착륙할 때 생기는 소음 때문에 불면증에 시달린다고 해요. 그 결과 집중력이 떨어지고, 계속해서 피로감을 느껴 쉽게 화를 내게 되지요. 프랑스 과학자들은 공항 근처에 살면 스트레스에 의한 병뿐만 아니라 고혈압과 심장병에 걸릴 확률도 높아진다고 발표했습니다.

그래서 불쾌감을 느끼지 않게 하려고 장소에 따라 적절한 소리의 크기를 정해 놓고 이를 따르도록 권하고 있어요. 주택이 많은 지역의 밤이 규정이 가장 엄격하고, 주택이 없는 도로변의 낮이 규정이 까다롭지 않아 다른 곳보다 더 큰 소리를 낼 수 있답니다.

동물도 괴로워요

동물도 우리처럼 소음에 시달리고 있어요. 산에 올랐을 때 우리가 자주 외치는 '야호' 소리는 산에 사는 동물에게는 소음이에요. 아주 작은 소리에도 도망치는 동물에게 사람이 외치는 야호 소리는 천둥소리처럼 크게 느껴질 테니까요. 사람이 외치는 소리에 도망치다 떨어져 죽는 동물도 있다고 하니 정말 조심해야겠지요?

석유를 탐사할 때 발생하는 소음은 바닷속 동물을 괴롭힌다.

소음은 육지뿐만 아니라 바닷속에서도 동물을 괴롭히고 있답니다. 지난 2004년, 오스트레일리아의 킹 섬과 뉴질랜드의 코로만델 반도 해안에서는 각각 200여 마리와 60여 마리의 돌고래와 고래가 해변으로 올라와 떼죽음을 당한 사건이 일어났어요. 이 사건을 조사한 과학자들은 석유와 가스를 탐사하면서 발생한 진동이 고래가 죽게 된 가장 큰 원인일 것이라고 발표했습니다.

스페인에서도 열 마리의 고래가 떼죽음을 당한 사건이 있었어요. 이 사건은 군사 훈련 중에 음파 탐지기를 작동하고 네 시간 만에 일어난 일이었습니다.

가까운 바다는 고기잡이배가 내는 소음 외에도 다리를 건설하며 내는 소음과 제트 스키가 내는 소음 등으로 북적이고 있어요. 먼바다는 전 세계 바다를 누비고 다니는 유조선이나 컨테이너선과 같은 거대한 배들이 술렁이게 하지요. 그래서 최근에는 선박의 프로펠러가 회전할 때 연료의 효율을 높이면서 동시에 소음도 줄일 수 있는 방향으로 연구가 이루어지고 있답니다.

소리를 어떻게 막을까요?

바이올린에 붙인 약음기.
ⓒ Netazon@the Wikimedia Commons

소음은 보이지 않는 환경 오염이에요. 그래서 소음을 해결하기 위해 오랫동안 많은 과학자들이 연구를 해 왔습니다.

소리를 줄이는 방법에는 무엇이 있을까요? 크게 두 가지 방법으로 이야기할 수 있어요. 하나는 처음부터 소리를 작게 내는 것이고, 다른 하나는 이미 낸 소리를 작게 줄이는 방법이지요.

악기에 사용되는 약음기는 소리를 작게 내는 방법을 사용해요. 약음기는 악기의 진동을 억제해 소리를 작게 하지요.

우리가 타는 자동차에도 소리를 줄여 주는 소음기가 있어 소리의 발생 자체를 줄여 준답니다.

소리가 밖으로 나가거나 들어오는 것을 줄이기 위해서는 양탄자나 커튼을 설치하는 방법도 효과적이에요. 고속도로 가장자리에 있는 방음벽도 이와 같은 역할을 하지요.

건물을 지을 때에도 소음을 막기 위해 소리를 잘 흡수하는 재료인 흡음재를 사용해요. 흡음재에는 여러 개의 작은 구멍이 있어 그 속으로 들어간 소리는 다시 되돌아 나오지 못하고 흡수됩니다. 흡음재로는 유리 섬유, 펠트 등이 있어요.

방음벽은 소리가 밖으로 나가거나 들어오는 것을 줄인다.

소음을 없애기 위한 방법으로 소리를 사용하기도 해요. 파동의 간섭하는 성질을 이용하지요.

먼저, 컴퓨터로 소음이 가지고 있는 파형과 진동수 그리고 진폭을 분석한 후, 이 소음과 반대의 파형을 가진 소리를 만들어 냅니다. 그러면 소음과 이를 이용해 만든 반대 소음이 서로 간섭을 일으켜 두 소리가 모두 사라지게 되지요.

■ **소리를 이용한 소음 소멸**

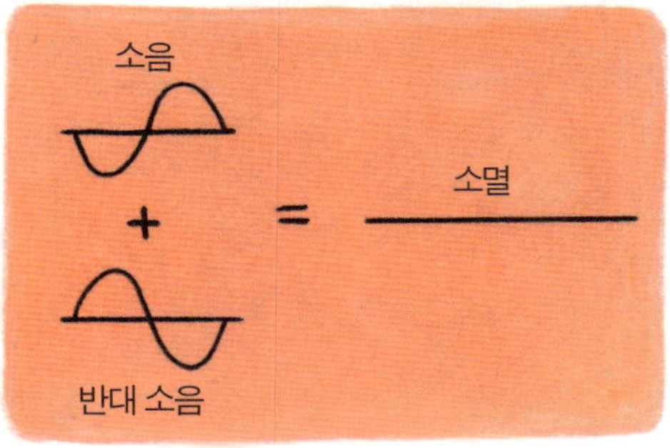

컴퓨터가 없던 시절에는 이런 기술이 불가능했지만 컴퓨터의 처리 속도가 빨라진 현대에는 이런 기술이 가능해졌답니다. 실제로 제트기나 비행기 조종사는 소음을 제거하는 헤드폰을 착용해요. 헤드폰에는 소형 컴퓨터가 내장되어 있어서 반대 소음을 만들어 소음을 제거하지요.

TIP 요건 몰랐지?

눈 오는 날 밤은 조용해요

눈 오는 날 밤은 유난히 조용해요. 또 눈 내리는 산에서는 메아리가 잘 울리지 않지요. 그래서 구조 신호를 보낼 때 눈 쌓인 숲 속에서는 아무리 소리를 질러도 효과가 없어요. 눈이 올 때 소리가 잘 들리지 않는 이유는 눈이 소리를 흡수하는 성질이 있기 때문입니다.

그러면 눈 내리는 날에는 왜 소리가 잘 울리지 않고 흡수될까요? 그 이유는 수많은 눈 알갱이의 틈 사이로 소리가 반사되고 부딪치기 때문이에요.

소리를 이용한 기술

소리를 이용한 기술은 우리 생활에 굉장히 많이 활용되고 있어요. 악기는 소리의 진동수를 이용하여 높낮이를 만들어요. 소리를 이용한 기술 중 가장 아름답다고 할 수 있어요. 최근에는 음악을 이용하여 마음의 고통을 덜어 주는 음악 치료도 개발되어 큰 관심을 받고 있습니다.

우리가 깨닫지 못하는 사이에 많이 쓰이고 있는 소리는 바로 초음파예요. 초음파는 보통의 소리보다 일정한 방향으로 직진하는 성질이 뛰어나서 우리 생활에 널리 이용됩니다. 일반 가정에서 사용하는 가습기, 세척기, 전동 칫솔에 이용되기도 하고 엄마 배 속의 태아를 살피거나 바닷속 물고기 떼가 어디에 있는지 알아보거나 해저 지형을 탐사할 때에도 모두 초음파를 반사해 문제를 해결하지요.

이 밖에도 소리를 이용한 기술은 소리의 속도보다 빠르게 나아갈 수 있는 초음속 여객기와 입체 음향 기술 그리고 소음을 줄이기 위한 반대 소음에까지 활용되고 있답니다. 미래에 과학자가 되고 싶은 여러분도 소리 연구에 도전해 보세요.

Q&A 꼭 알고 넘어가자!

문제 1 사람이 내는 소음 때문에 동물은 어떤 피해를 받고 있을까요?

문제 2 보이지 않는 환경 오염인 소음을 줄이기 위한 방법에는 무엇이 있을까요?

거나 들어오는 것을 줄이기 위해서는 양탄자나 커튼을 설치하는 것도 효과적이에요. 파동이 간섭하는 성질을 이용해 소음의 반대 소리를 만들어 소음을 없애는 방법도 있지요.

3. 소리를 이용한 기술 가운데 가장 아름다운 것은 악기예요. 악기는 소리의 진동수를 이용해 높낮이를 만들지요. 우리가 깨닫지 못하는 사이에 많이 쓰이고 있는 소리는 초음파예요. 초음파는 보통의 소리보다 일정한 방향으로 직진하는 성질이 뛰어나서 우리 생활에 널리 이용됩니다. 가습기와 세척기 그리고 전동 칫솔에도 이용되지요.

문제 3 우리 생활에서 쓰이는 소리를 이용한 기술에는 무엇이 있을까요?

....

....

....

정답

1. 산에 올랐을 때 사람이 자주 외치는 '야호' 소리는 산에 사는 동물에게 피해를 준답니다. 작은 소리에도 도망치는 동물에게 사람이 외치는 소리는 천둥소리 같을 테니까요. 사람이 외치는 소리에 도망치다 떨어져 죽는 동물도 있어요. 또 소음은 바닷속 동물도 괴롭히고 있습니다. 석유와 가스를 탐사하면서 발생한 진동이 고래가 죽는 원인 가운데 하나가 되기도 했지요.

2. 소음을 줄이는 방법은 크게 두 가지로 이야기할 수 있어요. 하나는 처음부터 소리를 작게 내는 것이고, 다른 하나는 이미 낸 소리를 작게 줄이는 방법이지요. 악기에 사용하는 약음기는 악기의 진동을 억제하여 소리를 작게 해요. 우리가 타는 자동차에도 소음기가 있어 소리의 발생을 줄여 준답니다. 소리가 밖으로 나가